国家自然科学基金面上项目（52175377）
国家自然科学基金联合基金项目（U1908232）　联合资助
国家科技重大专项（2017-VII-0002-0095）

整体叶盘型面开式砂带精密磨削方法

黄　云　肖贵坚　著

科学出版社
北　京

内容简介

全书系统地论述和总结了整体叶盘型面开式砂带精密磨削方法，既对整体叶盘砂带磨削现状作了概括，又对新型的开式砂带精密磨削方法作了重点论述。本书特别突出了砂带磨削加工技术在整体叶盘加工中的实用性以及对促进机械加工技术进步所起的积极作用。本书主要内容包括基于切削优化的开式砂带高效磨削新方法研究、钛合金开式砂带高效去除及参数化模型、整体叶盘开式砂带磨削工艺规划研究、整体叶盘全型面数控砂带磨削实验等。

本书可作为从事航空制造，特别是从事复杂曲面砂带磨削加工的工程技术人员的技术参考书，也可用作大中专院校机械制造及其自动化专业师生学习工程技术的辅修读物。

图书在版编目(CIP)数据

整体叶盘型面开式砂带精密磨削方法 / 黄云，肖贵坚著. —北京:科学出版社，2023.3

ISBN 978-7-03-063603-4

Ⅰ. ①整… Ⅱ. ①黄… ②肖… Ⅲ. ①砂带磨削 Ⅳ. ①TG580.61

中国版本图书馆 CIP 数据核字(2021)第 127457 号

责任编辑：孟 锐 / 责任校对：彭 映

责任印制：罗 科 / 封面设计：墨创文化

科学出版社 出版

北京东黄城根北街16号

邮政编码：100717

http://www.sciencep.com

成都锦瑞印刷有限责任公司印刷

科学出版社发行 各地新华书店经销

*

2023年3月第 一 版 开本：B5（720×1000）

2023年3月第一次印刷 印张：9 1/4

字数：220 000

定价：120.00 元

（如有印装质量问题，我社负责调换）

前　言

整体叶盘是新一代先进航空发动机实现结构创新与技术跨越的核心关键零部件，其表面质量和型面精度对航空发动机的气流动力性和使用性能影响巨大。目前整体叶盘的主流加工工艺包括线性摩擦焊-半精密铣-精铣-预处理-精密磨削-喷丸，而磨削加工是影响整体叶盘表面质量和型面精度的最终加工工艺。虽然针对整体叶盘的磨削技术国内做了很多的研究工作，但是大部分研究工作仍然处于实验阶段，因此目前整体叶盘的磨削加工仍处于手工打磨阶段，不仅劳动强度大、效率低，而且表面易烧伤、型面精度和表面质量及其一致性难以保证。由此可见，现有的整体叶盘磨削方法已不适应先进航空发动机批量化生产需求，在某种程度上制约了我国航空发动机整体水平的提升。因此，针对整体叶盘型面磨削的工艺特性，提出并研究了新型的开式砂带精密磨削方法。本书的主要研究内容如下。

(1)基于切削优化的开式砂带高效磨削新方法研究。提出了基于切削优化的新型开式砂带高效磨削的运动原理和面向张力精确控制策略的开式砂带更新运动双电机同步控制方程，同时根据新方法运动特性详细阐述了曲率往复更新并行复合磨削和曲率往复更新串行复合磨削两种方式，完成了基于新型磨削运动方法的开式砂带磨头的研制。

(2)钛合金材料开式砂带高效去除机理及参数化模型。首先，通过传统砂带磨削材料去除规律的分析，建立了面向砂带磨削全生命周期的材料去除理论模型；其次，采用正交实验方法分别对钛合金平面和圆柱两种形状的工件进行了磨削加工，获得了面向砂带磨削全生命周期的材料去除参数化数学模型；最后，采用单因素实验方法，分别分析了磨削工艺参数、磨削条件和新型运动方式对钛合金材料去除的影响规律，并验证了预测模型的精度。

(3)整体叶盘开式砂带磨削工艺及无干涉磨具运动规划方法。从整体叶盘叶尖、型面、边缘、流道面分析了其砂带磨削工艺方案，结合整体叶盘结构特性提出了采用侧面接触压力自适应的控制方法来实现整体叶盘砂带精密磨削，并分析了整体叶盘六轴联动砂带磨削原理和砂带磨削最优接触方法；对整体叶盘结构、整体叶盘曲面和砂带磨削进给运动等方面进行了整体叶盘砂带磨削的干涉特性分析，提出了面向干涉避免的砂带磨削磨具轴矢量控制方法。

(4)航空整体叶盘开式砂带磨削实验研究。介绍了整体叶盘数控砂带磨削实验装置、实验方法以及实验方案，分别从表面粗糙度、表面残余应力、表面型貌对整体叶盘砂带磨削表面完整性进行了分析；分别从叶身型面精度、进排气边缘精度和根部精度方面分析了整体叶盘砂带磨削型面轮廓精度；同时介绍了整体叶盘砂带磨削精度一致性评价方法，并且从砂带磨削表面完整性精度和砂带磨削轮廓精度对整体叶盘砂带磨削精度的一致性进行了综合分析。

感谢国家自然科学基金委员会的项目资助(52175377 和 U1908232)、国家科学技术部的项目资助(2017-VII-0002-0095)和重庆市自然科学基金委员会的项目资助(CSTB2022NSCQ-LZX0080)，感谢重庆三磨海达磨床有限公司提供的技术研发平台，感谢中国航发西安航空发动机有限责任公司陈贵林、刘秀梅为本书的编撰提出了许多宝贵的意见，感谢重庆大学机械工程学院副教授刘颖、周坤博士后和《航空学报》编辑部李世秋对本书的编撰和写作工作的支持！还要感谢我的研究生李泉、贺毅、宋沙雨、宋康康、代文韬、何水、甲花索朗、李伟、刘帅、张友栋和吴源，他们为本书的出版做了相关的协助工作。

笔者虽然致力于复杂曲面砂带磨削基础技术的研究，但由于水平有限，难免存在一些粗浅的一孔之见；撰写此书时，由于时间仓促，虽深怀对技术的尊重之情，不敢稍有怠慢，但疏漏之处在所难免，为此特留下电子邮箱，敬请各位同行或专家不吝赐教和指正。

肖贵坚

2021 年 6 月于重庆

xiaoguijian@cqu.edu.cn

目　　录

第1章 绪　　论

先进航空发动机是关系国家军事安全、国民经济发展的战略性高科技产品，是现代工业技术皇冠上的明珠，如图 1.1 所示。航空发动机制造能力是一个国家综合实力的象征，能够衡量一个国家综合的研发、制造水平。高密度的航空发动机行业技术，拥有强大的军民一体化特点，在全行业的经济，军事和政治价值极高。我国在《国家中长期科学和技术发展规划纲要(2006—2020 年)》中已经将大型飞机列为重大专项工程，而且要求配装具有自主知识产权的高性能涡扇发动机，包括军民两用型大型发动机，这是必须实现的国家战略目标。《中国制造 2025》将航空航天装备列为“大力推动重点领域突破发展”方向。同时，“十二五”以来，党中央、国务院做出重大战略决策，“下决心把航空发动机搞上去”，启动“两机”国家科技重大专项和航空发动机国家重大专项的论证与实施，并且在“十三五”规划中将航空航天装备列入高端装备创新发展工程的首要位置。新一代大涵道比涡扇发动机市场巨大，经济、军用社会效益显著，对国民经济发展、国防建设和科技进步具有重大推动作用和战略意义[1,2]。

图 1.1　某型号航空发动机剖视图

航空发动机是飞机的“心脏”，其内部工作温度高，转子转速高，高温气体产生的压力大，内部构件的工作条件复杂且恶劣，机械负荷、热负荷大，而且要求其使用寿命要足够长，如图 1.2 所示[3]。因此其研究和创新工作的难度极大，研制周期长，消耗费用高，它的主要研究内容包含了空气动力学、材料工艺学、控制与测试等多门学科，是一个复杂的系统工程。航空制造领域目前认为，衡量航空涡轮发动机制造技术水平与其工作能力的一个重要指标是发动机的推重比[4,5]。先进的高推重比航空发动机的使用，使得战斗机执行战术时的机动性、短距起飞、超音速巡航等优异作战性能得到了很大程度的提高。航空发动机制造技术的进步主要体现在如何提高推重比上，这已成为国家航空动力产业发展的主要目标。在诸多影响因素中，其中起到举足轻重的作用的是航空发动机内部各级叶片的设计与加工工艺[6,7]。

图 1.2　航空发动机内部各级叶片

人们在探索如何提高飞机叶片型面精度的同时，又在考虑如何提高发动机叶盘的结构构造。20 世纪 80 年代中期，在航空发动机结构设计方面，出现了一种被称为“整体叶盘”(blisk)的结构，它是将叶片和轮盘作为一个整体，省去了连接用的榫头、榫槽，使结构大为简化，如图 1.3 所示。首先，轮盘的轮缘处不需加工出安装叶片的榫槽，因而轮缘的径向尺寸可以大大减小，从而使转子重量减轻，可以显著提高发动机的推重比。其次，整体叶盘结构取消了叶片的锁紧装置结构，使得发动机零件数目大量减少，不仅使成本降低，而且有利于装配和平衡，

图 1.3　Rolls-Royce 整体叶盘及其局部特征

提高了发动机的可靠性，延长了转子的寿命。另外，采用整体叶盘后气流流道变得圆滑，消除了盘片分离结构中气流在榫根与榫槽间隙中泄露所造成的损失，提高了气动性能和工作效率，同时可以避免由于装配不当或榫头的磨蚀，特别是微动磨损、裂纹和锁片损坏带来的故障，从而减少维修次数和成本[8]。

随着航空发动机涵道比、推重比及服役寿命要求的不断提高，整体叶盘在气动布局上采用了新的宽弦、弯掠叶片和窄流道等新技术，从而进一步提高了气动效率。由于整体叶盘的这些特点，使其成为下一步发动机叶盘的发展趋势，并将全面取代传统的叶盘结构形式。美国国防部的综合高性能涡轮发动机技术（integrated high performance turbine engine technologies, IHPTET）计划指出，到 2020 年，战斗机上发动机的涡轮都将采用整体叶盘结构，由此可见，整体叶盘已经作为新型航空发动机的重大改进部件，不仅应用于在研型号，而且还将在未来高推重比发动机上广泛应用，整体叶盘具有巨大的潜在市场需求[9]。

目前，国内外整体叶盘的主流粗加工工艺包括：一是通过粗铣/电化学加工工艺去掉大部分材料；二是采用焊接的方式连接叶盘与叶片。而整体叶盘的精密加工主要还是通过数控精密铣削加工来保障型面精度要求[10]。但是由于整体叶盘的叶片型面均为自由曲面，在采用球头铣刀行切加工后，型面表面依然存在波峰波谷残留切削刀痕，且由于刀具在行切平面内运动，运动轨迹曲线曲率不同和定位等原因，也会导致行间的残留高度相差较大。而设计要求在进排气缘附近不允许有横向加工痕迹，叶尖端面和圆角不允许有叶盆到叶背方向的纹理，因为刀痕对发动机质量和性能有直接影响，甚至会因表面质量缺陷导致叶盘在运行时爆裂的严重事故。国内外的研究表明，整体叶盘在加工过程中存在着一些不足之处：

(1) 铣削加工后，残留高度相差较大，表面质量一致性差，存在严重的铣削缺陷，导致整个流道型面和叶片型面的表面质量达不到设计要求。

(2) 铣削过程中刀具与切屑之间以及刀具与工件之间的接触区产生很高的切削温度和接触压力，工件表面产生挤压、撕裂，从而在加工表面形成微裂纹，会直接影响整体叶盘的气流动力性和使用性能。

通过对整体叶盘的失效现象进行综合分析和反复验证研究表明，叶盘失效的根源主要是零件已加工表面层的状态不良[11]。据统计，80%的航空发动机复杂曲面零部件疲劳失效源于表面质量不能满足要求，同时航空发动机台架实验证明，经过高精度的磨削加工以后，航空发动机的气流动力性能可以明显提高 1%～2%。因此，整体叶盘在铣削加工后，必须对流道型面及叶片型面进行抛磨加工，使各曲面之间转接平滑、圆顺，提高表面质量完整性、增强其疲劳强度，保证整机使用性能和寿命。

目前国内外整体叶盘的表面磨削抛光工作大多数仍处于手工打磨阶段。人工抛光不仅劳动强度大、效率低，而且抛光表面易烧伤，型面精度和表面完整性难以保证，导致叶盘可靠性降低。同时，受到工人技术等级和熟练程度的影响，加工质量不稳定，严重影响着航空发动机的使用性能、安全可靠性以及生产周期[12]。

由此可见，现有整体叶盘手工抛光方法已不适应航空发动机批量化生产需求，而后期磨削抛光技术与装备已经在某种程度上制约了我国航空发动机整体水平提升，必须研制专用的整体叶盘数控抛光机床。而且由于国外相关企业以及研究机构对有关于航空发动机整体叶盘叶片型面抛光关键技术及加工工艺对外都是绝对保密，因此独立开展航空发动机整体叶盘数控抛光技术研究，实现整体叶盘复杂型面的高效自动化精密抛光，提高整体叶盘型面几何精度以及表面完整性，对于提高整体叶盘的加工能力水平具有重要的意义。

1.1 国内外整体叶盘抛光技术及装备研究进展

1.1.1 整体叶盘磨料流抛光技术及装备研究进展

磨料流加工(abrasive flow machining, AFM)是美国于20世纪70年代发展起来的一种表面光整加工新工艺，最早是由美国的Extrude Home公司开发出来的，具有工装简单、加工变形小、精度高等特点，专门用于航空航天领域合金零件表面处理工艺的加工[13]。其工作原理如图1.4所示，该方法是将含有磨料、具有黏弹性、柔软性和切削性的磨流介质等在挤压力的作用下形成一个半固态、可流动的“挤压块”，并通过高速往复运动流过欲加工表面从而产生磨削作用的加工方法[14]。

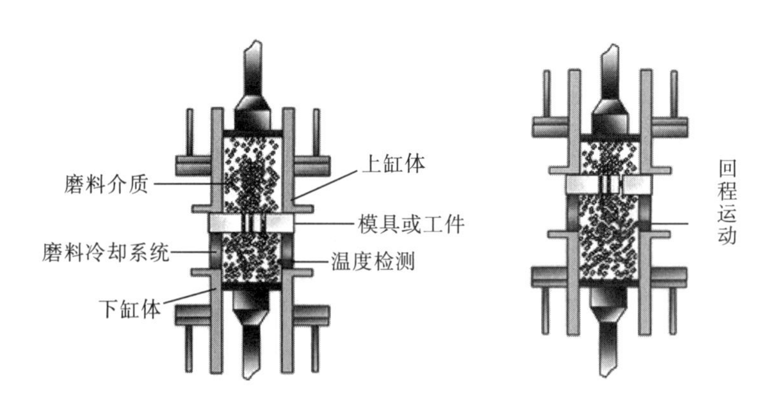

图1.4 磨料流加工示意图[14]

美国Dynatics公司为美国某航天发动机数控铣削加工后的整体叶盘表面做磨料流抛光，避免了以往加工中产生的裂纹以及表面残余应力，解决了整体叶盘高速旋转过程中常产生的断裂问题[15]。美国通用电气公司T700发动机I级压气机叶盘，材料为AM355不锈钢，手工抛光单件工时为40 h，而在数控铣削加工后再使用磨料流加工方法，单件工时 1 h，且质量和精度大幅度提高，表面粗糙度从 2.0 μm 降到 0.8 μm，叶型精度公差为+0.10～+0.08 mm，大大提高了叶盘的生产效率和生产质量[16,17]。Williams 等[18,19]通过扫描电子显微镜(scanning electron microscope，SEM)观察磨料流加工后的表面效果，得到了不同方法的加工表面再经磨料流加工后的对比结果，认为初始表面和磨料浓度对加工表面的粗糙度有重要影响。同时，法国 SNECMA 公司提出了磨料流整体叶盘单个叶片的抛光，并且将磨料流用于整体叶盘铣削前的粗加工、精铣前的加工以及精铣后的加工[20-23]。

中国最初在 1983 年引进磨料流光整技术，从那时开始引进加工技术和设备，且主要是作为进口成套设备的配套设备引进的，首先在航空部门得到应用。经过几年的研究，大连理工大学高航等建立了整体叶盘磨料流抛光加工实验平台，如图 1.5 所示，并在此基础上进行了磨料流加工模拟分析及可行性研究[24,25]。刘向东等[26]进行了整体叶盘流道的磨料流抛光试验研究，表面粗糙度达到 0.14～0.45 μm，且压缩机的效率可以提高 1%。为了提升整体叶盘磨料流抛光质量，沈阳黎明航空发动机(集团)有限责任公司提出了一种被加工工件在自转的同时绕旋转工作平台的旋转轴公转的整体叶盘双驱动轴复合自动光整加工方法[27]。西北工业大学的蔺小军等[28]提出了一种整体叶盘磨料流抛光用夹具，以实现正确引导磨料流动，提高夹具的气密性。北京航空工艺研究所在磨料流抛光技术方面取得较大进展，并将其应用于发动机离心叶盘和钛合金整体叶盘叶片的型面抛光，在某型发动机研制中，采用磨料流工艺进行了前置扩压器叶片型面抛光实验，实现了叶片腐蚀层的均匀去除，改善了零件抗疲劳性能[14]。

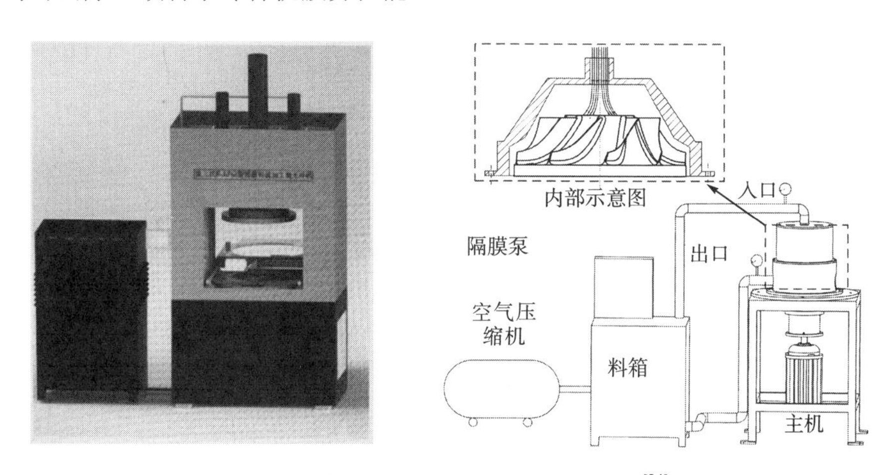

图 1.5 整体叶盘磨料流抛光工作示意图[24]

此外，辽宁科技大学陈燕等提出采用磁力研磨方法对整体叶盘进行抛光，并对其抛光工艺、表面完整性等进行了研究，结果表明整体叶盘经磁力研磨加工后原有的铣削加工纹理被有效去除，表面粗糙度由研磨前的 0.82 μm 降低至 0.25 μm [29-32]，其抛光示意图如图 1.6 所示，其中图 1.6(a)为装置系统示意图，图 1.6(b)为整体叶盘现场抛光示意图。北京航空航天大学的 Li 等[33]设计了 CBN 电镀砂轮，并进行了 GH4169 整体叶盘 CBN 电镀砂轮数控抛光实验，结果表明该方法可以使磨削精度提高 50%，如图 1.6 和图 1.7 所示。

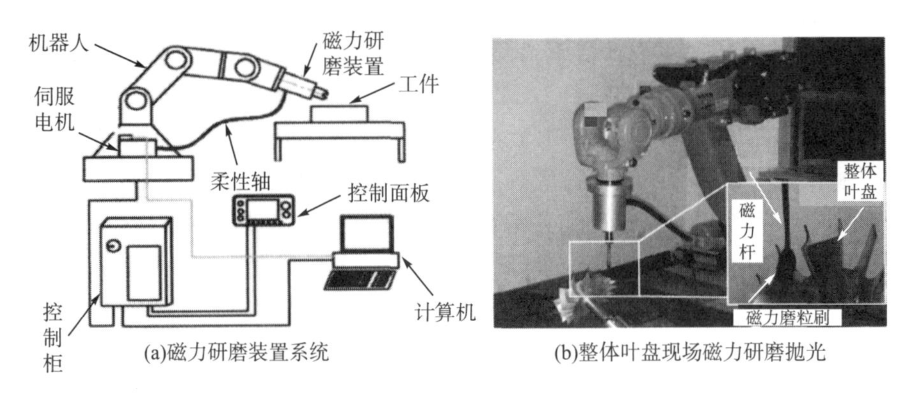

图 1.6 磁力研磨加工原理[29]

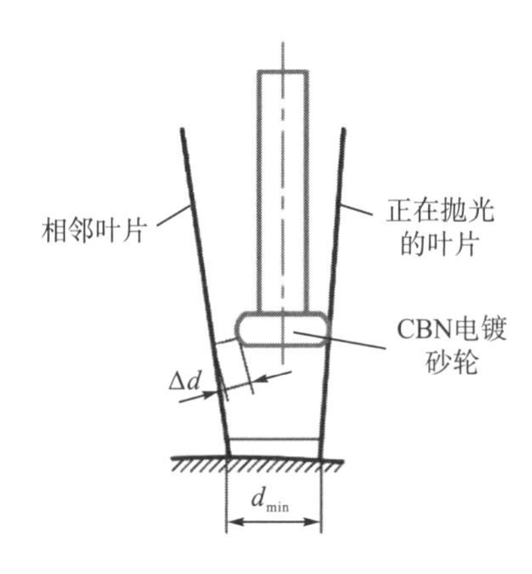

图 1.7 整体叶盘 CBN 砂轮加工原理[33]

通过上述文献的分析可以看出，整体叶盘磨料流抛光技术及装备的研究在国外已经比较成熟并应用于发动机整体叶盘的抛光加工。目前，国内整体叶盘磨料流抛光表面粗糙度达到 0.2～0.4 μm，抛光效率累计 7～8 h/个。但是由于技术起步较晚，工艺缺乏更深入的研究，对于磨料流抛光中的夹具与流道设计等关键技术，还需要在实践中进行不断地摸索和完善。目前，整体叶盘磨料流抛光技术及装备在国内仍处于研发阶段。

1.1.2　整体叶盘电解精密加工技术研究进展

电解加工(electrochemical machining, ECM)是一种基于金属阳极在电解液中的电化学溶解原理，并借助于成形的工具电极(或称工具或阴极，下同)将工件按一定形状和尺寸加工成形的特种加工制造技术，也适用于精度保证加工技术，本书主要对后者的发展现状进行了分析。如图 1.8 所示为电解加工系统示意图，在加工过程中，工件接直流或脉冲电源(一般为 10～24 V)的正极，工具电极接电源的负极，工具与工件之间保持较小的间隙(一般为 0.1～1 mm)，具有一定压力的电解液从加工间隙中持续高速(一般为 6～30 m/s)流过，不断带走电解产物和热量并注入新鲜的电解液。随着工具不断向工件进给，工件表面上的金属按照工具电极形状高速溶解，直至加工出符合要求的形状和尺寸[34]。

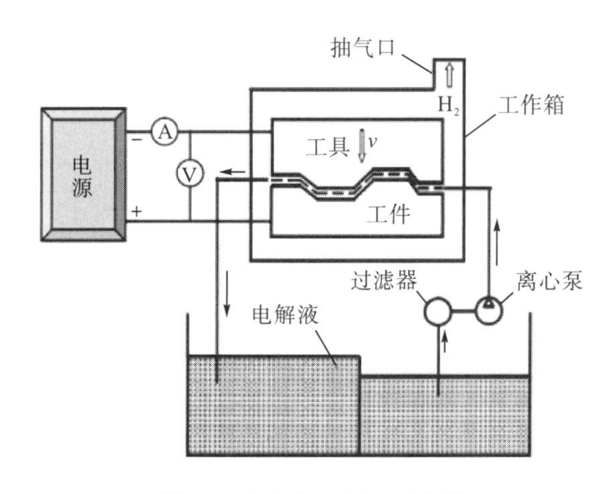

图 1.8　电解加工原理示意图

美国、英国等发达国家对整体叶盘数控电解加工技术进行了深入研究并得到应用。美国 GE 公司在 1985 年与 Lehr Precision 公司合作发展了数控电解加工技术，用于加工直升机发动机 T700 的钢制整体叶盘，随后又用于加工航空发动机钛合金整体叶盘和高温合金整体叶盘。在带冠整体叶盘的加工中[34]，俄罗斯采用机械仿形电火花与电解加工组合工艺 P21，电解加工技术既提高了加工效率，又去除了电火花加工后的表面变质层，提高了表面质量。除 Lehr Precision 公司外，德国 MTU 和 Leistritz 公司、美国 TURBOCAM、土耳其 TEI 等公司也运用电解加工方法加工整体叶盘。图 1.9 为 Leistritz 公司的电解加工工艺加工整体叶盘的过程及其加工设备，其中图 1.9(a)为开式整体叶盘抛光，图 1.9(b)为闭式整体叶盘抛光，图 1.9(c)为现场加工图。图 1.10 为德国 EMAG 公司的电解加工工艺加工整体叶盘的过程及其加工设备。其中图 1.10(a)为 EMAG 装备，图 1.10(b)为整体叶盘 ECM 抛光原理，图 1.10(c)为整体叶盘 ECM 抛光示意图。此外，Klocjea 等[35]为了提高加工效率，采用实验方法对钛合金以及高温镍基合金材料的电化学加工进行了研究，提出进给速度是影响效率的最主要因素，另外他们从成本方面对比了高温镍基合金整体叶盘铣削、电化学以及电火花加工的不同之处，结果证明电化学加工的成本最低[36,37]。

国内南京航空航天大学对整体叶盘数控电解加工技术(图 1.11)进行了深入的研究。在整体叶盘电解关键技术研究方面，陈修文[38]对整体叶盘电解加工的流场仿真与试验进行了研究，提出从工具电极叶盆(叶背)面流入，流经轮毂端部，并从工具电极叶背(叶盆)面流出的流动形式。孙春都[39]利用有限元法对加工过程进行模拟仿真，分析了工件阳极的动态成形过程，并对整体叶盘型面电解加工阴极设计与试验进行了研究。赵建社等[40]对整体叶盘自由曲面叶片精密电解加工工艺进行了研究，在对阴极的运动路径进行分析与优化的同时，采用高频脉冲电源加工，减小加工间隙。王福元和赵建社[41]采用电解扫掠成形方案对整体叶盘叶根加工方法进行了研究。

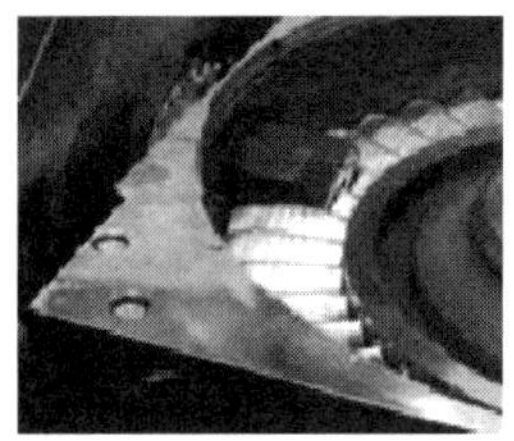
(a)开式整体叶盘电解抛光

(b)闭式整体叶盘电解抛光

(c)现场操作

图 1.9 Leistritz 公司整体叶盘电解加工[37]

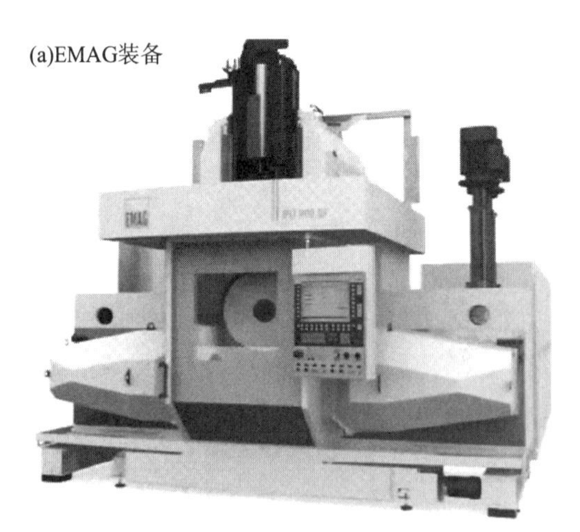

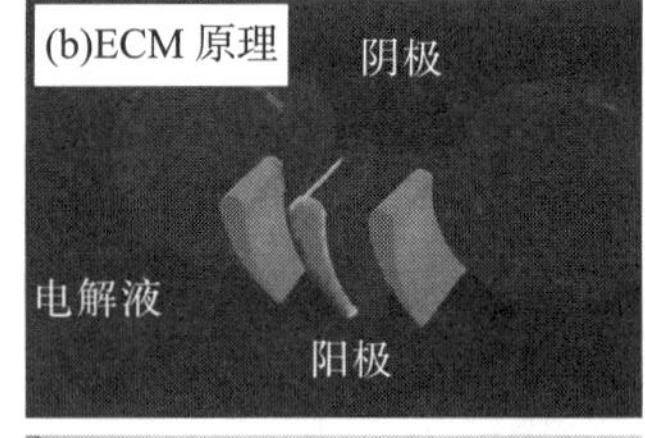

图 1.10 EMAG 公司整体叶盘电解加工

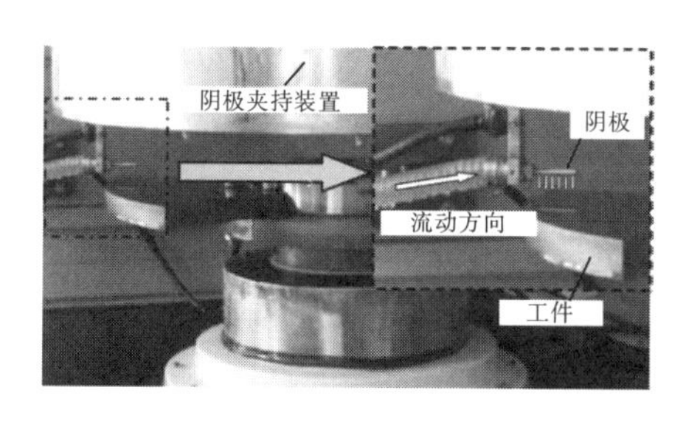

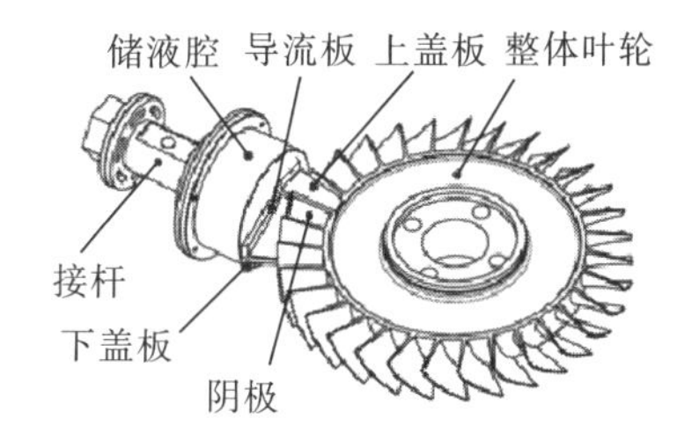

图 1.11　叶盘通道电解加工装置

在整体叶盘电解加工路径优化方面，Zhu 等[42]建立了阴极轨迹运动控制的数学模型，并对其进行了仿真分析。刘嘉等[43]通过研究阴极进给方向与阳极型面法线方向夹角变化来优化阴极进给方向。上海交通大学的 Liu 等[44]采用切向跟踪的方法实现了整体叶盘五轴联动电化学加工的电极进给路径的优化，并且通过实验证明了该方法可以明显提高加工效率。西安科技大学的 Tang 和 Gan[45]采用 3D 阴极及流体模型对整体叶盘电化学抛光的阴极设计以及流体优化进行了研究。

在提升整体叶盘电解效率方面，Xu 等[46]通过采用三个阴极同时加工整体叶盘来提高整体叶盘电化学加工效率。刘嘉等[47]提出了一种三维复合电解液流场模式对整体叶盘叶型电解加工流场进行了研究，通过与二维场的比较可显著提升加工效率。

在整体叶盘电解电极优化方面，Zhu 等[48]采用“W”形流体模型来减少压力，从而减少阴极变形，通过实验表明可以使变形减少 17.8%。孙伦业等[49]对叶盘通道径向电解加工的流场设计进行了研究，采用可控对称式流场，叶盘轮毂的表面粗糙度从 2.450 μm 降低至 0.154 μm，轮毂的加工重复精度在 0.07 mm 以内，叶盆、叶背的重复精度在 0.17 mm 以内。Xu 等[50]进行了整体叶盘叶栅通道电化学流场设计以及实验研究，提出“Π”形流体模型能明显提高流体均匀性以及进给速度。刘嘉等[51]提出了恒采样点空间法向修正方法对阴极进行了修正，叶片电解加工精度由 0.25 mm 提高至 0.04 mm。万龙凯等[52]设计了“C”形加强筋结构，经过仿真叶背阴极变形量从 0.052 mm 减少到了 0.0037 mm，叶盆阴极变形量从 0.061 mm 减少到了 0.0074 mm。

此外，沈阳黎明航空发动机有限责任公司采用电解质-等离子加工方法对整体叶盘叶片型面进行抛光，该方法有利于实现连续加工、提高效率、加工表面均匀，实现了整体叶盘叶片型面的抛光加工自动化以及高效低成本批量生产[53]。

通过上述文献的分析可以看出，整体叶盘电解抛光技术及装备主要应用于提高整体叶盘加工效率。目前，国内整体叶盘电解抛光表面粗糙度达到 0.145 μm，叶背重复精度小于 0.17 mm。由于数控电解加工需采用多轴数控电解机床，对数控技术水平要求高，电解成形规律掌握较困难，且难以适应叶片的变形，在表面易形成表面完整性缺陷，精度难以控制。目前整体叶盘电解加工技术及装备在国内处于研发阶段，其有望解决数控铣削无法实现的整体叶盘加工。

1.1.3 整体叶盘数控抛光技术及装备研究进展

整体叶盘数控抛光技术，是根据整体叶盘形状，以相应的接触方式，利用砂带、抛光轮、橡胶轮等通过磨具对工件表面进行抛光的一种高效抛光工艺。将整体叶盘夹持于转台工装之上，通过多轴联动(至少五轴)或机器人加工方案，根据不同叶盘的气道和叶片构成特点，采用高档数控系统控制，实现整体叶盘气道及叶片表面的自动化抛光。

1. 整体叶盘机器人数控抛光方法

在国外，美国的 ACME、HUCK 等公司采用机器人夹持抛光轮和砂带磨头的方法实现了整体叶盘的精密加工，并且取得了良好的效果。图 1.12 为 ACME 公司整体叶盘机器人磨削加工，其中图 1.12(a)所示为 ACME 装备示意图，图 1.12(b)为抛光轮抛光示意图，图 1.12(c)为砂带抛光示意图。图 1.13 为 Huck 公司整体叶盘机器人磨削加工，其中图 1.13(a)为 HUCK 装备示意图，图 1.13(b)为叶尖抛光示意图，图 1.13(c)为型面抛光示意图。多特蒙德工业大学的 Ren 等[54-56]、康涅狄格大学的 Sun 等[57]对机器人叶片砂带磨削的路径规划、材料去除、表面质量等进行了大量的研究。

目前国内主要将机器人应用于单个叶片的抛光加工，在该领域吉林大学[58]、北京航空航天大学[59-62]、清华大学[63]、华中科技大学[64]以及武汉理工大学[65]等做了大量的研究。而对于整体叶盘的机器人抛光加工研究较少，西北工业大学的徐文秀和史耀耀[66]介绍了整体叶盘机器人自动化抛光技术，提出了适合于整体叶盘机器人抛光的刀轨生成算法，并对机器人控制数据的确定进行了分析。

图 1.12 ACME 整体叶盘机器人磨削加工

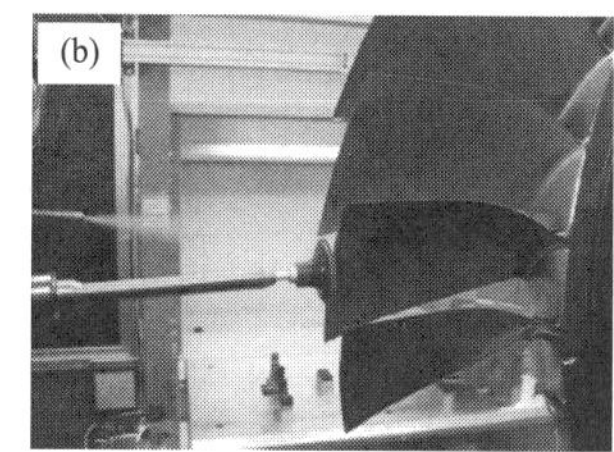

图 1.13　HUCK 公司整体叶盘机器人磨削加工

机器人整体叶盘抛光技术及装备在国外已经应用。这主要是由于机器人具有柔性高、灵活性强等特性，能够很好地实现整体叶盘全型面抛光。但是由于机器人的重复定位精度较低，这样将极大地影响整体叶盘表面质量以及型面精度。同时，面对国家提出的《中国制造 2025》中的智能制造，该技术也是未来发展的重要领域，是实现整体叶盘智能化磨削的关键技术装备。目前，机器人整体叶盘抛光技术及装备在国内仍然处于探索阶段。

2. 整体叶盘多轴联动数控轮型抛光方法

西北工业大学史耀耀等运用抛光轮对整体叶盘进行抛光，其原理如图 1.14 所示，其中图 1.14(a)为装备结构图，图 1.14(b)为磨头结构图，图 1.14(c)为整体叶盘磨削示意图，将抛光轮安装在常规的五轴铣削加工机床上，并且设计了一种用于抛光整体叶盘的磨头机构，保证了主轴在自由状态下处于平衡位置，同时可通过调节气缸气体流量达到调节抛光力的目的[67-69]，并相应地提出了用于整体叶盘抛光的磨头成型方法以及数控抛光方法[70,71]。在此基础上，段继豪等[72]对整体叶盘柔性磨头自适应抛光实现方法进行了研究，实验表明该方法可以使抛光效率提高 50%。蔺小军等[73]用分段直纹面拟合叶片型面的方法进行了开式整体叶盘叶片型面数控抛光编程研究，并通过实验验证了该方法的有效性。Zhao 等[74]对整体叶盘柔性磨具抛光加工的叶片表面粗糙度预测以及参数学优化模型进行了研究，通过实验得到该模型可以使表面粗糙度提高 25%。Zhao 和 Shi[75,76]对整体叶盘抛光装备的柔性磨头姿态适应性进行了研究，提出自适应滑模控制(adaptive sliding mode control，ASMC)更有利于提高抗干扰性和鲁棒性，同时实验表明该方法可以使表面粗糙度提高 50%，降低 22.93%的型貌误差。

整体叶盘多轴联动数控轮型抛光技术及装备是基于传统五轴联动铣削加工而研发的，集成柔性磨头，装备比较成熟、灵活性高，容易实现。目前，国内整体叶盘轮型抛光表面粗糙度达到 0.3～0.4 μm，叶片型面精度小于 0.06 mm，抛光效率较人工抛光提高 50%(目前人工抛光一个整体叶盘需要 20～30 天)。但是，由于还未见针对整体叶盘根部以及边缘的抛光技术研究，因此该方法具有一定的局限性。目前，整体叶盘多轴联动数控轮型抛光技术及装备在国内还处于工艺试验阶段。

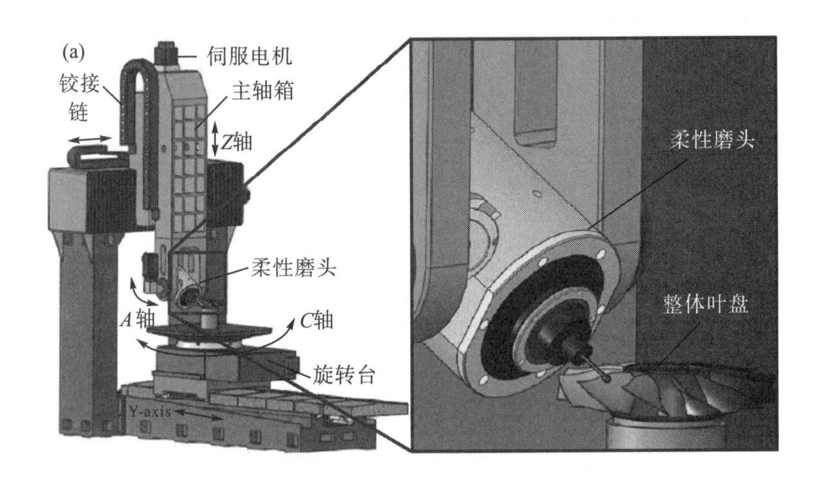

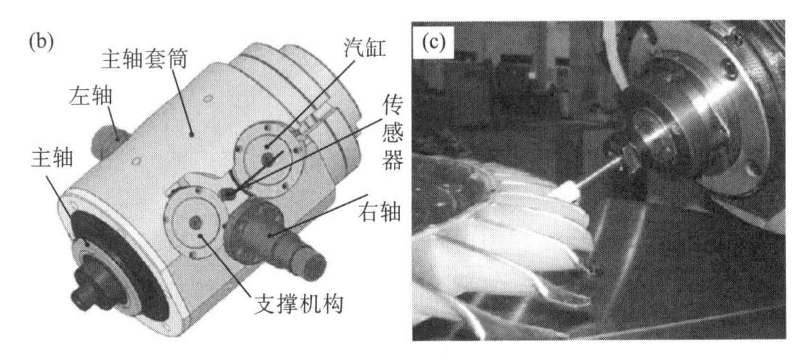

图 1.14 整体叶盘多轴联动数控轮型抛光装置[75,76]

3. 整体叶盘多轴联动数控砂带抛光方法

德国的 Metabo 公司采用六轴联动砂带磨削技术实现了航空发动机叶片型面的加工，但是目前仍然还没有解决叶片根部及边缘的加工，而且对于整体叶盘的加工，还没见相关报道。

重庆大学黄云等运用七轴六联动数控砂带磨削技术实现整体叶盘的抛光加工，提出了一种适用于航空航天整体叶盘叶片内、外弧面的砂带磨削装置，其结构方案如图 1.15 所示[77]，其中 1.15(a)为装置示意图，图 1.15(b)为外弧磨削示意图，图 1.15(c)为内弧磨削示意图，该装置通过合理分配磨头进给、磨头方位调整和工件方位角度调整，通过较短的传动链实现空间六个自由度的结合，保证了磨头机构及工件夹持机构的刚性；接触轮及砂带能够切入整体叶盘两叶片间狭小间隙内，在接触轮高速旋转时，能保证接触轮与工件之间接触稳定，在提高工作效率的同时，能够保证复杂曲面工件加工的尺寸精度，确保了型面的质量，提高了成品合格率，降低了工人的劳动强度，降低了管理及生产成本[78,79]。

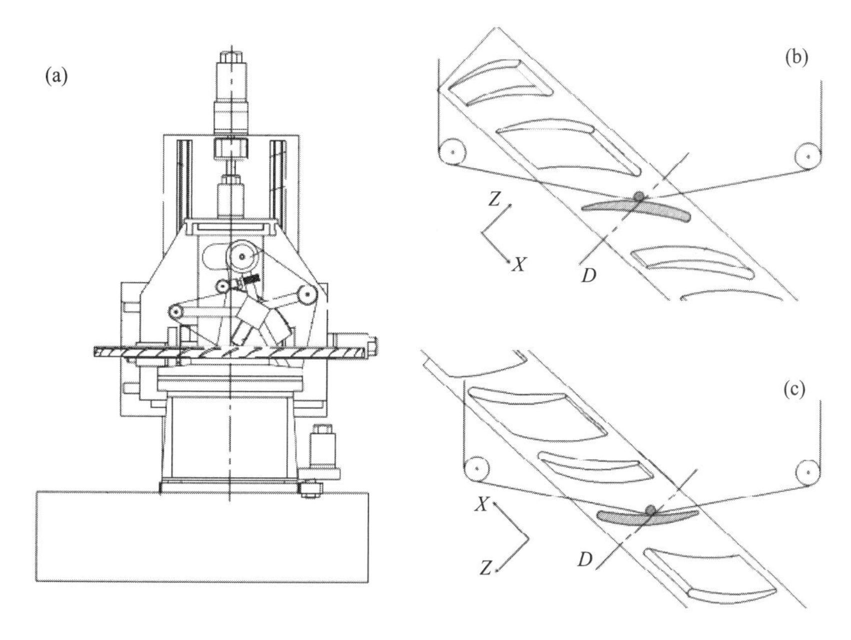

图 1.15　整体叶盘内外弧型面砂带磨削示意图

在此基础上，程荣凯[7]研究了整体叶盘型面磨削加工工艺，提出了运用砂带、尼龙轮等磨具结合机器人、多刀库式的磨削方法实现整体叶盘全型面加工，如图 1.16 所示。魏和平[80]对整体叶盘叶片内外弧型面砂带磨削技术进行了研究，如图 1.17 所示，其中图 1.17(a)为整体叶盘砂带磨削示意图，图 1.17(b)为整体叶盘型面砂带磨削，图 1.17(c)为整体叶盘根部砂带磨削。刘召洋[10]对整体叶盘叶片型面砂带磨削路径规划与机床空间轴系进行了分析。同时，Xiao 和 Huang[81]通过对整体叶盘定载荷自适应数控砂带磨削加工方法以及进排气边砂带磨削技术的研究，提高了整体叶盘单个叶片型面精度以及表面质量。

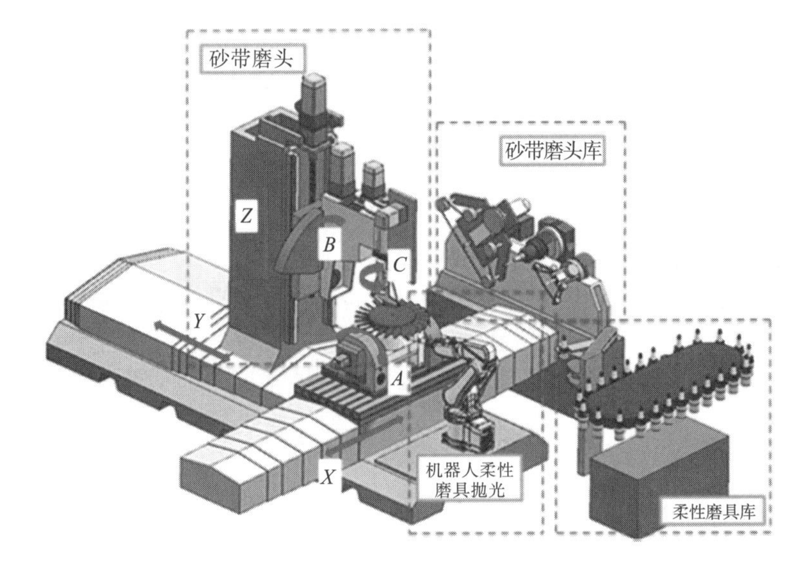

图 1.16 刀库式数控砂带磨削装备[7]

图 1.17 整体叶盘砂带磨削实验[80]

吉林大学张雷等设计了一种用于整体叶盘自动磨抛的砂带工具系统，可以实现对整体叶盘叶片凸面和凹面的磨抛，有效避免磨抛过程中砂带与相邻非磨抛叶片的干涉，如图 1.18 所示[82,83]。其中图 1.18(a)为砂带磨削装置，图 1.18(b)为型面磨削示意图，图 1.18(c)为型面检测示意图。所提出的整体叶盘磨抛加工与测量一体化装置，一次装夹减少定位和装夹次数，消除多次定位和装夹产生的误差，实现整体叶盘磨抛加工与测量一体化[84-87]。在此基础上，提出了用于整体叶盘叶片进排气边和叶根磨抛的集成式工具系统，并对其进行了研究[88-90]。张福庆[91]对整体叶盘磨抛机床虚拟样机结构进行静动力学分析来研究其静动态特性，并建立了整机多柔体动力学模型。张小光[92]采用 CATIA 建立机床的三维模型，并运用 ANSYS Workbench 对立柱和床身结构进行了优化。孙振江[93]结合曲面离散的方法提出了适用于砂带磨抛整体叶盘的防干涉刀轴控制方法。徐义程[94]对整体叶盘磨抛力/位解耦控制进行了研究，建立了永磁同步电动机和机械传动系统的数学模型，并设计了基于干扰观测器的磨抛力 PID 控制器和模糊 PID 控制器。袁帅[95]对整体叶盘磨抛检测一体化机床结构开发与装配工艺进行了研究，对整机结构进行了详尽的结构设计。该方法对于提升整体叶盘表面质量具有很大的影响，但是仍然处于理论研究阶段，目前还未见相关装备的实验或应用报道。

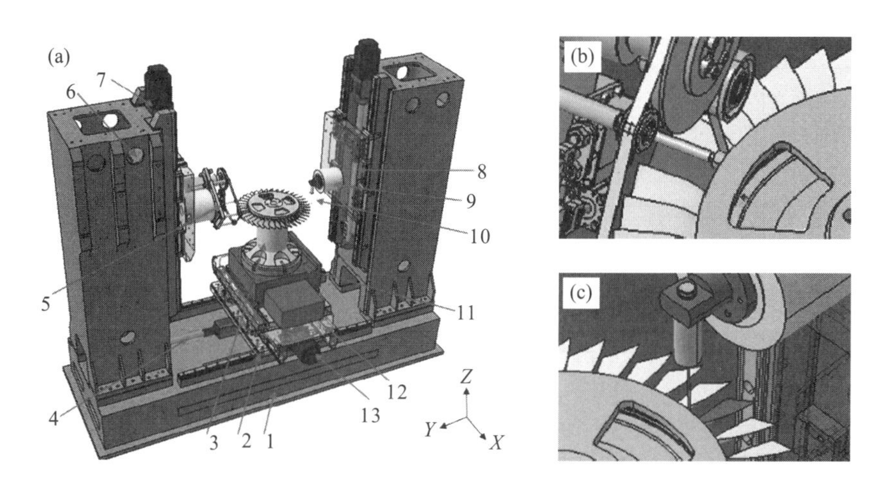

图 1.18　整体叶盘磨抛监测一体化砂带磨削装备

1. 床身; 2. Y 轴滑鞍; 3. 夹具; 4. Y 轴驱动机构; 5. 磨抛工具系统; 6. 立柱;
7. Z 轴驱动机构; 8. Z 轴滑鞍; 9. B 轴转台; 10. 测头; 11. C 轴转台; 12. X 轴工作态; 13. X 轴驱动机构

由于砂带磨削在提升航空关键零部件的精密磨削性能方面具有独特的优势，特别是对航发叶片边缘和根部转接 R 角的精密加工方面更具代表性，因此砂带磨削可以实现整体叶盘的全型面自动化精密磨削。目前，国内整体叶盘砂带抛光表面粗糙度达到 0.2～0.3 μm，叶片型面精度小于 0.05 mm，表面纹理纵向分布、一致性高，抛光效率为 2～4 天/个(直径 700～1200 mm)。但是，由于砂带在磨削过程中不断磨损，这样同样影响了整体叶盘表面质量及型面精度。目前，整体叶盘数控砂带磨削抛光技术及装备在国内处于工艺试验阶段。

1.2 整体叶盘开式砂带磨削方法研究进展

1.2.1 开式砂带磨削方法研究进展

目前国内外开式砂带磨削技术还是主要用于轴类零部件的加工，如图 1.19 所示为现有的开式砂带精密磨削方法，包含了卷带轮、储带轮、中间过渡轮系、接触轮、砂带、工件、冷却系统、轴向振动系统和压力控制系统。现有开式砂带磨削的磨削机理为：一方面，通过轴向运动系统控制接触轮的运动并驱动砂带以频率 f、幅度 b、轴向振动以及工件的高速旋转运动而产生相对运动，从而完成材料去除；另一方面，通过储带轮与卷带轮的同步运动实现砂带以 v_p 的进给速度缓慢进给，实现了砂带的不间断更新。该方法在上述两种复合运动的作用下实现轴颈的超精密磨削加工。

在国外，在传统开式砂带磨削机理研究方面，法国巴黎高科工程技术学校 Mansori 等[96-102]、法国贡比涅技术大学 Jourani 等[103,104]，法国圣太田国立工程师学校 Rech 等[105-107]在开式砂带超精密磨削表面创成机理、磨料磨损机理等方面进行了广泛的研究，解释了 2D/3D 表面型貌的表征方法以及与砂带磨损之间的关系，分析了磨削工艺参数对砂带磨损以及表面创成的影响机理。在开式砂带磨削装备研制方面，德国的 SUPFINA 公司、GRIESHABER 公司，美国的 IMPCO 公司、QPAC 公司、NAGEL 公司，日本的 NACHI 公司，英国的 PERMAT 公司，瑞士的 SPMS 公司等都将开式砂带精密磨削技术成功应用于凸轮轴、曲轴、传动轴等轴颈的超精密加工，轴颈的表面粗糙度可达 0.1 μm、圆度可达 1.4 μm，典型的开式砂带磨削装备如图 1.20 所示[108]。

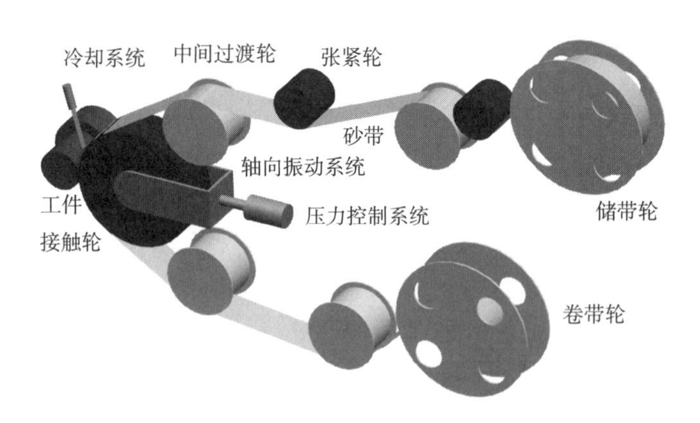

图 1.19 传统开式砂带磨削方法

图 1.20　国外曲轴砂带研磨磨床[108]

在国内，重庆大学黄云等[109-113]在开式砂带研磨机理、磨削运动方程、磨削误差补偿以及检测技术等方面进行了系统的研究，并且联合重庆三磨海达磨床有限公司研制了超精密轴颈研磨机，如图 1.21(a)所示。此外，北京第二机床厂研制了曲轴砂带研磨磨床[114]，在国内具有一定的代表性，其装备如图 1.21(b)所示。

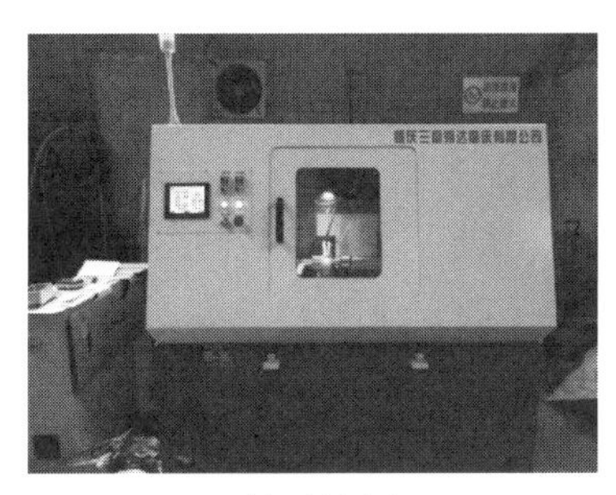

(a)轴颈研磨机

(b)曲轴砂带磨床

图 1.21　国内开式砂带研磨磨床[109]

从上述的分析可以看出，开式砂带磨削可以显著提高零件的表面质量和型面精度及其一致性。但是由于现有开式砂带磨削方法结构以及磨削机理的限制，目前仅应用于曲轴、凸轮轴、传动轴等轴颈的研磨抛光。然而，对于具有复杂曲面特性的整体叶盘难以通过其高速旋转运动来实现该方法的应用，因此必须在传统开式砂带磨削的基础上，提出新型的磨削方法，改变其磨削机理，实现整体叶盘的精密加工。

1.2.2　砂带磨削材料去除模型研究进展

由于砂带磨削的弹性随形特性，在适应型面变形的同时也增加了材料精密去除的难度。在砂带磨削过程中，影响砂带磨削精密去除的因素很多，如磨削运动方式、外界加工条件、接触条件、磨削工艺参数、磨削走刀规划、砂带和接触轮特性等，且各个影响因素之间相互关联错综复杂。因此，如果不能掌握上述影响关系对砂带磨削材料去除的影响规律，砂带磨削工件的型面精度和表面质量将难以控制。

目前对于砂带磨削材料去除的研究主要采用了实验法、微切削材料去除、线性回归分析法和非线性回归分析法[115]。

在砂带磨削实验研究方面，Axinte 等[116]从表面质量、磨削时间以及材料去除方面分析了钛合金材料的砂带磨削性能，通过实验证明了砂带磨削对于钛合金材料去除的能力。Huang 等[117,118]分析了砂带线速度、进给速度和磨削压力对钛合金材料去除的影响规律，并且通过正交实验得到了钛合金砂带磨削的最优工艺参数。Wang 等[119]基于赫兹接触理论，分析了柔性接触状态下的砂带与工件的接触压力以及材料去除廓形模型。Zhu 等[120]分析了机器人辅助砂带磨削过程中砂带与钛合金材料的去除机理。Unyanin 和 Gusev[121]分析了砂带磨削过程中磨削力对材料去除的影响规律，提出了磨削力的优化方法。

在微切削材料去除模型方面，通过单颗或多颗磨粒对工件表面施加的法向压力或者磨粒刺穿表面深度，同时结合胡克定律对工件表面进行磨削，分析材料去除机理[122]。Jiang 等[123]提出了一个带有圆尖的圆锥模型，来描述在多个接触条件下两物体磨削的模型。Sin 等[124]认为尺寸效应取决于磨粒的相对锋利情况，并发现锋利的磨粒形状比钝的磨粒形状具有更好的材料去除率。Pellegrin 和 Stachowiak[125]通过磨削后的工件表面沟槽与磨粒形状比较，认为 power-law 模型是最适合真实的磨粒形状的。

在线性回归分析方面，Preston[126]提出将磨粒尺寸、磨粒的锋利程度以及材料种类等影响因素对去除材料的作用简化为一个因子 K_p，单颗磨粒的材料去除效率与磨粒承受的相对压力和线速度成正比。计时鸣等[127]将加工工件硬度 H_f 与磨粒硬度 H_p 的比值（硬度比）引入到 Preston 方程进行修正。张雷等[128]认为磨粒滑擦工件表面符合摩擦学的 Archard 方程，并建立了材料去除体积模型。Hammann 认为材料的瞬时材料去除率是砂带线速度、进给速度和接触压力等参数的函数，利用 Preston 方程提出了一个线性的经验公式[129]，如式(1.1)所示。

$$r = C_A \cdot K_A \cdot K_t \cdot \frac{v_s}{v_w \cdot L_w} \cdot F_a \tag{1.1}$$

式中，K_A、K_t 分别为磨削条件和接触的影响参数；C_A 为等式的补偿系数；v_s 为砂带线速度；v_w 为工件速度；L_w 为周长；F_a 为轴向压力。

在非线性回归分析方面，由于线性的材料去除模型与试验结果误差较大，一些研究人员则认为材料去除率与砂带线速度、进给速度和接触压力等参数之间呈指数关系。Cabaravdic[130]提出的砂带磨削局部非线性材料去除模型如式(1.2)所示。

$$r = C_A \cdot v_s^{e_1} \cdot v_w^{e_2} \cdot F_a^{e_3} \tag{1.2}$$

式中，e_1、e_2 和 e_3 分别为砂带线速度、工件移动速度和轴向压力的影响指数。

通过上述的分析可以看出，虽然目前采用了上述的方法进行材料的预测，但是仍然难以精确地实现砂带磨削过程中的精准控制。

1.2.3　整体叶盘砂带磨削无干涉规划研究进展

由于整体叶盘具有结构复杂、空间狭长等特性，因此在砂带磨削过程中极易发生干涉，在上述整体叶盘加工现状的分析中可以看出，目前在整体叶盘砂带磨削无干涉路径规划方面研究较少，而且大多数仅限于五轴联动的运动轨迹规划[73, 93]。而针对砂带磨削的特性，为了更好地啮合曲面特性，必须采用六轴联动的方式进行，因此有必要对整体叶盘六轴联动砂带磨削的无干涉规划进行研究。

对于六轴联动砂带磨削路径规划方面，张明德等[131]根据型面接触最佳条件进行了砂带磨削刀位点的计算。张秋菊等[132,133]对六轴联动叶片砂带抛磨中接触轮姿态和六轴联动数控砂带磨削的刀位点计算与规划等进行了研究。陈兴武和蒋新华[134]对空间曲线的六轴联动控制算法与测试进行了研究。张岳[135]对航发叶片七轴联动数控砂带磨削加工方法及自动编程关键技术进行了研究。上述内容很少针对干涉避免进行研究。

对于干涉问题的处理也包括两方面，一是干涉的判断，二是如何避免干涉。对于干涉的判断，目前所有的方法基本上都是基于曲线到曲面的距离[136]，只是在方式上有所不同，例如曲面离散法[137]、实体布尔运算法[138]、包围盒法[139]，主要目的都是简化计算，提高效率[140,141]。判断出干涉以后，就是对刀轴的调整。一般是建立以刀触点为原点的局部坐标系，在这个坐标系中将刀轴增加一个后跟角和一个侧倾角来避免干涉。除此以外，已有研究中多注重某一个无干涉刀轴矢量的计算[142,143]，包括干涉的判断和调整等,而对全局刀轴矢量的平滑过渡的研究不是很多。目前上述方法的研究主要是针对五轴联动的运动干涉避免控制而展开，但是对于六轴联动的运动干涉避免控制研究仍然严重不足，这将严重制约具有干涉型面特征的整体叶盘全型面精密磨削抛光。

1.2.4　目前研究存在的不足

综合以上分析可以看出，虽然目前针对整体叶盘精密抛光加工国内外都有广泛的研究，但是目前还没有任何一种方法得到很好的推广应用，难以实现高表面质量和型面精度一致性的整体叶盘全型面抛光加工。因此还需针对各方面的问题进行深入的研究以突破整体叶盘开式砂带磨削的关键技术。目前研究存在以下的不足：

(1) 面向面型精度一致性的加工方法。由于整体叶盘由多个叶片组成，根据“木桶定律”，整体叶盘的性能和寿命取决于面型精度(表面质量和型面精度)最差的叶片，而目前的方法都难以实现，这将严重影响整体叶盘各叶片面型精度一致性，进而影响整体叶盘的使用寿命。

(2) 难加工材料的高效精密去除机理。根据整体叶盘材料特性的分析可以看出，整体叶盘材料朝着轻质、耐高温等难加工材料方向发展，虽然目前采用了各种方法进行材料去除模型的预测，但是仍然难以精确地实现砂带磨削过程中的精准控制，这将难以掌握难加工材料的高效精密去除机理，严重影响整体叶盘磨削效率以及型面精度。

(3) 面向干涉避免的路径轨迹优化方法。由于整体叶盘的曲面及结构特性，叶盘叶型扭曲大、叶根曲率大等特性，导致抛光过程中极易发生干涉且容易出现抛光盲区部位，目前的研究主要是针对五轴联动的运动干涉避免控制而展开，但是对于六轴联动的运动干涉避免控制研究仍然严重不足，这将严重制约具有干涉型面特征的整体叶盘全型面精密磨削抛光。

第 2 章 开式砂带高效磨削新方法研究

现有的开式砂带磨削方法主要用于轴类零部件的加工，其磨削原理：一方面，通过接触轮的运动带动砂带的轴向振动以及工件的高速旋转运动完成材料去除；另一方面，通过储带轮与卷带轮的同步运动实现砂带缓慢进给。传统开式砂带磨削方法是在上述两种复合运动的作用下实现轴颈的超精密磨削加工，有利于提高工件表面一致性、形成抗疲劳纹理，从而增加工件耐磨特性以及使用寿命。但是对于具有复杂曲面特性的整体叶盘的精密加工，该方法存在如下几方面的问题。

(1) 难以通过整体叶盘的高速旋转运动与砂带形成相对切削运动从而实现材料去除。

(2) 由于开式砂带微细磨料(磨料粒度≤60 μm)特性，且为了适应整体叶盘小曲率半径根部的抛光加工，接触轮半径很小(最小半径 1.25 mm)，导致材料去除率低，难以实现钛合金整体叶盘的超精密抛光，特别是难以高效去除整体叶盘在铣削以后的铣削残差层及表面缺陷。

(3) 传统的高频率轴向运动方法在工件表面形成横向或交叉纹理，不利于热力交互作用下整体叶盘的抗疲劳，特别是整体叶盘根部的疲劳寿命。

因此必须在传统开式砂带磨削的基础上，提出新型的磨削方法，在提高开式砂带磨削表面质量一致性的同时提高材料去除效率，从而可以提高整体叶盘表面质量、型面精度以及形成抗疲劳纵向纹理。本章首先通过对砂带磨削磨料磨损规律的分析提出新型开式砂带磨削运动原理，然后建立了开式砂带精密磨削运动控制方程并进行了仿真分析，最后设计了开式砂带精密磨削磨头并进行了现场调试。

2.1 开式砂带精密磨削新方法的提出及原理分析

2.1.1 基于单颗粒模型的砂带磨削磨损分析

砂带磨削是砂带在接触轮的作用下与工件表面接触而产生接触压力，同时通过砂带的高速旋转产生切削力以实现磨削加工的整个过程，如图 2.1(a)所示。磨削时，磨粒与工件表面相互作用，经历滑擦、耕犁、切削四个阶段，实现对工件表面磨削和抛光，如图 2.1(b)所示。在磨削加工过程中，不同磨粒的作用可能不同，即一部分磨粒起滑擦作用，一部分进行耕犁，还有一些进行切削，即使同一颗磨粒的不同部位以及同一部位在不同加工时间所起的作用也不尽相同，而在不同的阶段都伴随着磨料的磨损。因此，要准确评估砂带在磨削过程中的磨损规律是一个相当复杂的过程。

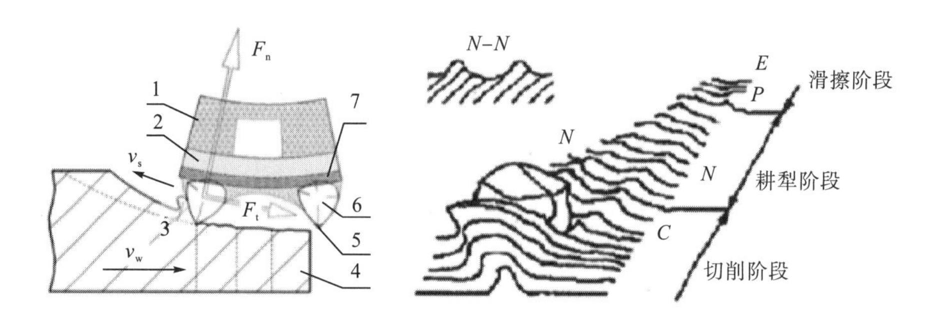

图 2.1　单颗粒砂带磨削材料去除机理

1. 接触轮; 2. 基体; 3. 磨屑; 4. 工件; 5. 覆胶; 6. 磨粒; 7. 底胶

砂带磨削接触运动学主要是针对材料去除率和磨料的切入机理进行研究，结合工件和砂带的运动模型以及速度来进一步分析砂带磨削边界切削机理，是研究砂带磨削机理和摩擦学过程的基础，图 2.2 为基于微切削原理的单颗粒砂带磨削运动模型。本书主要通过对切入深度、接触长度、磨粒尺寸以及其间距、线速度、进给速度等对砂带的磨料磨损进行分析，并且结合微切削几何建模以及能量方程可以得出砂带磨削磨料磨损规律，实现砂带磨削过程中的磨削尺寸、接触时间以及磨料磨损规律的理论研究。

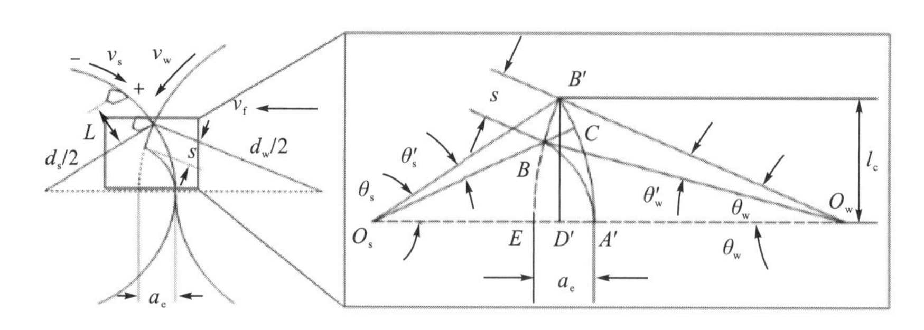

图 2.2　基于微切削原理的单颗粒砂带磨削运动模型

通过对砂带磨削的材料去除机理的研究可以看出，在砂带磨削过程中重要工艺参数主要包含了单颗磨粒接触力 P、相对速度 v_a、接触时间 t_{gc} 以及最大磨削深度 $h_{cu.max}$。因此可以将能量 E_a 定义为单个切削刃接触力与平均摩擦行程的乘积。应用这个基本的物理模型，并且假定为稳态条件，即：总的砂带磨损与单个切削

力的平均磨损成比例，则砂带磨损 δ 为

$$\delta = K_1 E_a \tag{2.1}$$

式中，K_1 为修正系数，主要与磨削过程中的润滑、冷却状态有关。

如图 2.2 所示，从一个磨粒切入工件到另一个磨粒切入工件的时间 t_{gL} 为

$$t_{gL} = \frac{L}{v_s}$$

式中，L 为磨粒的平均距离；v_s 为砂带线速度。

该段时间内工件的移动距离 s：

$$s = v_w t_{gL} = \frac{v_w}{v_s} L \tag{2.2}$$

式中，v_w 为工件移动速度。

根据相交弦定理可以得到接触长度 l_c：

$$l_c \approx B'D' = \sqrt{d_s A'D' - A'D'^2} = \sqrt{d_w ED' - ED'^2}$$

由于 $A'D'^2 \ll d_s A'D'$，$ED'^2 \ll d_w ED'$，因此可以得到：

$$l_c = \sqrt{d_s A'D'} = \sqrt{d_w ED'}$$

即

$$ED' = A'D' \frac{d_s}{d_w}$$

式中，d_s 为砂带轮直径；d_w 为工件直径。

由此可以得到磨削深度 a_e：

$$a_e = ED' + A'D' = \frac{l_c^2}{d_w} + \frac{l_c^2}{d_s}$$

因此，可以得到接触长度 l_c 为

$$l_c = \sqrt{a_e d_e} \tag{2.3}$$

式中，当量直径 d_e 为

$$\frac{1}{d_e} = \frac{1}{d_s} + \frac{1}{d_w} = \frac{d_s + d_w}{d_s d_w}$$

在工件速度比较高的情况下，通过几何学计算的接触长度比实际尺寸偏大。如图 2.2 所示，当接触轮中心移动前移动的距离为 s，这时会在 A 与 A'之间形成一个切削边缘，因此其接触角度需要增加一个偏角 θ_s'，将其与移动距离 s 下的转角 θ_s 求和，可得其接触角度为 $\theta_s + \theta_s'$。工件与砂带磨削的相对速度为 $v_s \pm v_w$，图中“+”表示砂带线速度为顺时针方向，“−”表示砂带线速度方向为逆时针方向。另外的距离可以用 $s/2$ 代替，由此可以得到磨粒接触时间：

$$t_{gc} = \left(l_c + \frac{s}{2}\right) \cdot \frac{1}{v_s}$$

在运动接触状态下，砂带的线速度用相对速度 $v_{\mathrm{a}} = v_{\mathrm{s}} \pm v_{\mathrm{w}}$ 代替，由此可以得到接触时间 t_{gc} 为

$$t_{\mathrm{gc}} = \left(l_{\mathrm{c}} + \frac{s}{2}\right) \cdot \frac{1}{v_{\mathrm{a}}} = \left(l_{\mathrm{c}} + \frac{s}{2}\right) \cdot \frac{1}{v_{\mathrm{s}} \pm v_{\mathrm{w}}}$$

由于磨粒的平均间距 L 受磨料分布影响较大，因此为了精确计算该时间，引入修正系数 K_2，该修正系数主要与砂带的磨料分布、植砂方式等有关。由此可以得到修正后的接触时间 t_{gc} 为

$$t_{\mathrm{gc}} = \left(l_{\mathrm{c}} + \frac{s}{2}\right) \cdot \frac{1}{v_{\mathrm{a}}} = K_2 \left(l_{\mathrm{c}} + \frac{s}{2}\right) \cdot \frac{1}{v_{\mathrm{s}} \pm v_{\mathrm{w}}} \tag{2.4}$$

如图 2.2(b)所示，最大磨削厚度 $h_{\mathrm{cu.max}}=BC$，在 $\Delta BB'C$，可以得到：

$$h_{\mathrm{cu.max}} = s \cdot \sin \angle BB'C$$

由于 $\angle BB'C = \angle D'B'C + \angle BB'D'$，$\angle BB'D' = \theta_{\mathrm{w}} - \theta'_{\mathrm{w}}$，$\angle D'B'C = \theta_{\mathrm{s}} - \theta'_{\mathrm{s}}$，由此可以得到：

$$h_{\mathrm{cu.max}} = s \cdot \sin[(\theta_{\mathrm{s}} - \theta'_{\mathrm{s}}) + (\theta_{\mathrm{w}} - \theta'_{\mathrm{w}})]$$

$$\theta_{\mathrm{s}} \approx \sin\theta_{\mathrm{s}} = \frac{2l_{\mathrm{c}}}{d_{\mathrm{s}}}$$

$$\theta_{\mathrm{w}} \approx \sin\theta_{\mathrm{w}} = \frac{2l_{\mathrm{c}}}{d_{\mathrm{w}}}$$

$$\theta'_{\mathrm{s}} = \frac{2s}{d_{\mathrm{s}}} \cdot \cos[(\theta_{\mathrm{s}} + \theta_{\mathrm{w}}) - (\theta'_{\mathrm{s}} + \theta'_{\mathrm{w}})] \approx \frac{2s}{d_{\mathrm{s}}}$$

$$\theta'_{\mathrm{w}} \approx \frac{2s}{d_{\mathrm{w}}}$$

$$h_{\mathrm{cu.max}} = 2s \cdot \frac{l_{\mathrm{c}}}{d_{\mathrm{e}}} - \frac{2s^2}{d_{\mathrm{e}}}$$

同时 $2s^2 \ll d_{\mathrm{e}}$，因此可以得到最大切削深度：

$$h_{\mathrm{cu.max}} = 2s \cdot \sqrt{\frac{a_{\mathrm{e}}}{d_{\mathrm{e}}}} = 2L \cdot \frac{v_{\mathrm{w}}}{v_{\mathrm{s}}} \cdot \sqrt{\frac{a_{\mathrm{e}}}{d_{\mathrm{e}}}}$$

由于在砂带磨削过程中，磨料以及材料的硬度对切削深度影响很大，因此为了精确计算最大磨削深度，引入修正系数 K_3，由此可以得到：

$$h_{\mathrm{cu.max}} = 2s \cdot \sqrt{\frac{a_{\mathrm{e}}}{d_{\mathrm{e}}}} = K_3 2L \cdot \frac{v_{\mathrm{w}}}{v_{\mathrm{s}}} \cdot \sqrt{\frac{a_{\mathrm{e}}}{d_{\mathrm{e}}}} \tag{2.5}$$

砂带磨削压力的计算公式如下：

$$P = \frac{F_{\mathrm{n}}}{N} = K_4 \frac{v_{\mathrm{w}}^{\varepsilon}}{v_{\mathrm{s}}} \frac{a_{\mathrm{e}}^{\varepsilon/2}}{d_{\mathrm{e}}} \tag{2.6}$$

式中，F_{n} 为法向压力；N 为磨粒数量；ε 为材料影响因子；修正系数 K_4 与磨削工

艺参数以及接触轮硬度等有关。

每个切削刃的平均能量 E_a 可表示为

$$E_a = P^{i_1} v_w^{i_2} t_{gc}^{i_3} h_{cu.max}^{i_4} \tag{2.7}$$

将式(2.2)～式(2.6)代入式(2.7)可以得到平均能量 E_a：

$$\begin{aligned} E_a &= P^{i_1} v_w^{i_2} t_{gc}^{i_3} h_{cu.max}^{i_4} \\ &= \left(K_4 \frac{v_w^{\varepsilon}}{v_s} \frac{a_e^{\varepsilon/2}}{d_e} \right)^{i_1} v_w^{i_2} \left[K_2 \left(\sqrt{a_e d_e} + \frac{v_w}{2v_s} \cdot L \right) \cdot \frac{1}{v_s \pm v_w} \right]^{i_3} \left(K_3 2L \cdot \frac{v_w}{v_s} \cdot \sqrt{\frac{a_e}{d_e}} \right)^{i_4} \end{aligned}$$

由于在实际磨削过程中 $v_w << v_s$，因此上式可以简化为

$$\begin{aligned} E_a &= P^{i_1} v_w^{i_2} t_{gc}^{i_3} h_{cu.max}^{i_4} \\ &= (2L)^{i_4} K_2^{i_2} K_3^{i_4} K_4^{i_1} \frac{v_w^{\varepsilon i_1 + i_2 + i_4} a_e^{(\varepsilon i_1)/2 + i_3/2 + i_4/2} d_e^{i_3/2}}{v_s^{i_1 + i_3 + i_4} d_e^{i_1 + i_4/2}} \end{aligned} \tag{2.8}$$

将式(2.8)代入式(2.1)，可以得到砂带的磨损：

$$\delta = K_1 E_a = (2L)^{i_4} K_1 K_2^{i_2} K_3^{i_4} K_4^{i_1} \frac{v_w^{\varepsilon i_1 + i_2 + i_4} a_e^{(\varepsilon i_1)/2 + i_3/2 + i_4/2} d_e^{i_3/2}}{v_s^{i_1 + i_3 + i_4} d_e^{i_1 + i_4/2}} \tag{2.9}$$

其中，$v_w t_{gc} h_{cu.max}$ 表示磨削刃的平均摩擦行程；i_1、i_2、i_3 和 i_4 为修正系数，能够从摩擦和磨损的研究中近似地确定，它们全部是正值。指数 i_1 表示接触压力的影响，并且取值大于 1.0；指数 i_2 反映滑动速度的影响，取值为 0.5～1.0，取决于接触材料的特性；指数 i_3 表示磨削热对磨损的影响，一般取值大于 1.0；指数 i_4 接近于 1.0。

根据式(2.9)可以看出，影响砂带磨削过程中磨料磨损的因素很多，要精确地计算砂带磨损必须对应不同的状况结合实验获得相应的修正系数，从而得到特定状态下的砂带磨损补偿公式。

2.1.2　砂带磨削磨料磨损基本规律分析

为了分析砂带磨削磨料磨损对表面粗糙度、材料去除的作用规律，采用氧化铝和碳化硅磨料对高温镍基合金(GH4169)、钛合金(TC4)、镍铜合金(Cu-3)和不锈钢(304)等材料进行了磨削实验。实验采用精度为 0.01 g 的电子秤测量工件质量，用秒表记录磨削时间，材料去除率 Q 采用标准的计算公式得到，如式(2.10)所示。

$$Q = \frac{\Delta m}{t} \tag{2.10}$$

式中，Δm 为砂带磨削前后的质量差，g；t 为磨削时间，min。

实验是在联合研制的恒压力砂带磨削实验机床上进行的，如图 2.3(a)所示，机床由砂带磨头、驱动装置、工装与夹具、电气控制系统等部分构成，同时配备相应

的变频器对主动轮进行矢量变频调速以实现无级调速，磨削过程中始终保证工件与砂带的接触压力为恒定值。实验砂带选用的是 3M 中国有限公司的砂带，砂带规格长×宽：1950 mm×50 mm。如图 2.3(b)表示了各种砂带磨料分布二维图，从左往右分别是氧化铝砂带(Al_2O_3)和碳化硅砂带(SiC)。实验材料为方形板材，其规格长×宽×高：100 mm×32 mm×15 mm。如图 2.3(c)从上至下分别为钛合金材料、高温镍基材料、镍铜材料和不锈钢材料。其他实验磨削工艺参数如表 2.1 所示。

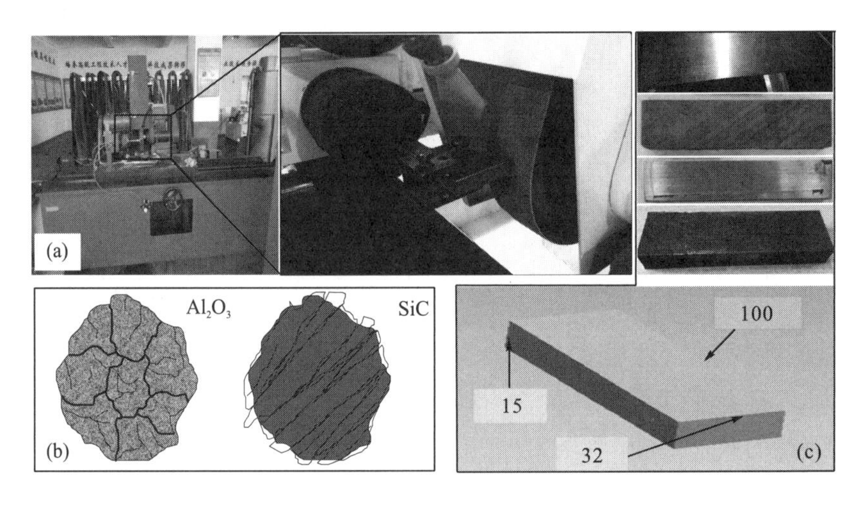

图 2.3 磨料磨损作用规律实验装备及实验材料

表 2.1 砂带磨削磨料磨损工艺实验参数

项目	砂带线速度	接触轮宽度	砂带粒度	接触轮宽度	磨削压力	冷却方式
工艺参数	18 m/s	60 mm	80	50 HR	10 MPa	水冷

表面粗糙度的测定采用针描法，使用北京时代集团制造的粗糙度仪 TR200，每次磨削前后在抛光区域内按照等距的位置检测三个点并取其平均值作为检测结果，以减小检测误差，测定的粗糙度参数为 R_a，单位为 μm，测试距离 0.4 mm，有效计算长度 0.08 mm。

如图 2.4 所示为磨料磨损对表面粗糙度的作用规律。如图 2.4(a)所示，对于氧化铝磨料砂带，钛合金、高温镍基合金、镍铜合金和不锈钢材料分别在磨削 5 min、6 min、4 min 和 3 min 以后，表面粗糙度都稳定在 0.9 μm 左右，当磨削一段时间以后，表面粗糙度急剧下降，分别变为 0.231 μm、0.087 μm、0.135 μm 和 0.165 μm，而此时表面质量急剧恶化。而对于碳化硅磨料砂带，如图 2.4(b)所示，与氧化铝磨料砂带有同样的趋势，但是可以看出，碳化硅磨料的磨削稳定期较氧化铝磨料的短，且其表面粗糙度一致性较差。

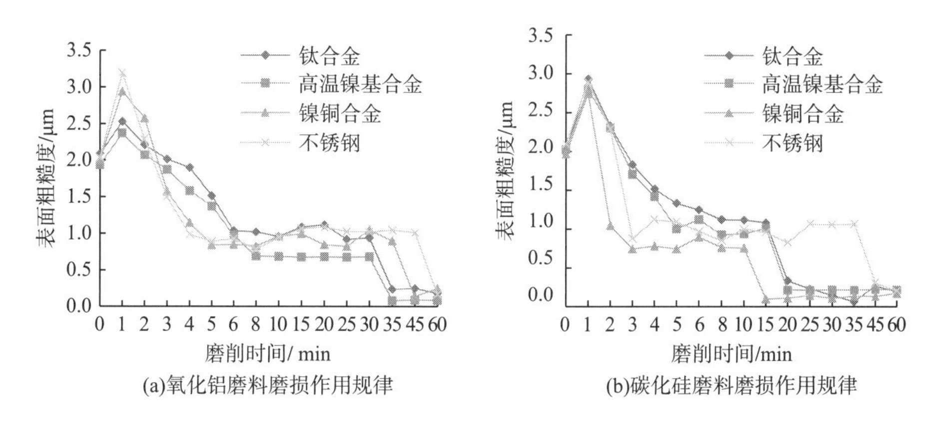

(a)氧化铝磨料磨损作用规律　　(b)碳化硅磨料磨损作用规律

图 2.4　磨料磨损对表面粗糙度的作用规律

可以看出，不同材料的表面粗糙度随着砂带的磨削，开始先增大，然后逐渐趋于平稳，最后有一个急剧减小的过程。这主要是由于新砂带磨削刮痕较深，这样对表面粗糙度具有恶化的作用，待砂带磨损进入稳定期的时候，表面粗糙度数值比较稳定，当砂带急剧磨损的时候，砂带对工件表面主要是摩擦的作用，虽然此时表面粗糙度急剧下降，但是工件表面极易造成烧伤、表面组织恶化等现象。虽然随着砂带的磨损，表面粗糙度有一个趋势，但是对于不同材料、不同磨料、不同工艺参数以及磨削条件，该趋势变化很大，因此难以通过砂带磨损的评估来精确地控制表面粗糙度的形成。

如图 2.5 所示为磨料磨损对材料去除的作用规律。随着砂带的磨削，材料去除规律与表面粗糙度的变化趋势有一定的关系。如图 2.5(a)所示，对于氧化铝磨料砂带，钛合金、高温镍基合金、镍铜合金和不锈钢材料分别在磨削 30 min、30 min，35 min 和 45 min 以后材料去除率降低为首次材料去除率的 1/3，这表示砂带已经失去了材料去除的作用。同时，如图 2.5(b)所示，碳化硅磨料砂带的有效磨削时间更短，对于钛合金只有 10 min 左右。

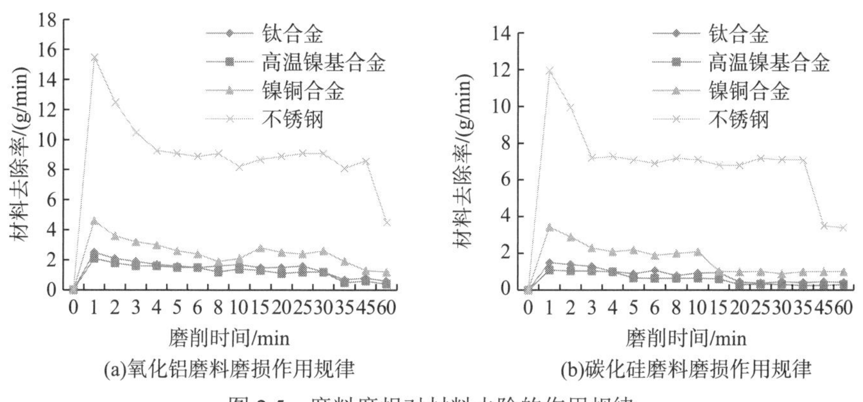

(a)氧化铝磨料磨损作用规律　　(b)碳化硅磨料磨损作用规律

图 2.5　磨料磨损对材料去除的作用规律

可以看出，随着砂带的磨削，在砂带磨削初期砂带刃形锋利，参与磨削的磨粒较多，此时材料去除率达到最大值，在接下来的一段时间里，由于磨粒不断地破碎脱落，材料去除率开始急剧减小，然后逐步趋于平缓，但是当磨削一段时间以后，由于砂带的磨损，材料去除率急剧下降。虽然随着砂带的磨损，材料去除率有一个趋势，但是对于不同材料、不同磨料、不同工艺参数以及磨削条件，该趋势变化很大，因此难以通过砂带磨损的评估来精确地控制材料的去除。

通过上述的分析可以看出，随着砂带磨削的进行，砂带的磨损对表面粗糙度和材料去除影响很大，这将严重影响工件的表面质量以及磨削精度。

2.1.3 基于切削优化的开式砂带高效磨削运动原理

通过上述的分析可以看出，在常规的砂带磨削过程中，砂带的磨损厚度随着磨削的进行不断变化，如图 2.6 所示，砂带的磨损厚度为 $\Delta\delta_i$，在磨削时间 t 以后的砂带厚度由 δ_0 磨损到 δ'，其磨损量为 $\Delta\delta'$。同时根据单颗粒磨料磨损计算公式(2.9)，砂带的磨损与磨削工艺参数、磨削条件、磨料材料特性、工件材料特性、接触轮硬度等有很大的关系，而且砂带的磨损对工件表面质量以及材料去除有巨大的影响。由于目前难以通过掌握砂带的磨损规律而精确地评估砂带磨损量，从而难以保证不同叶片型面与砂带在同一部位的接触状态、磨削工艺参数、砂带磨损、磨削路径规划等的一致性，这将严重影响整体叶盘砂带磨削的表面质量以及型线精度。

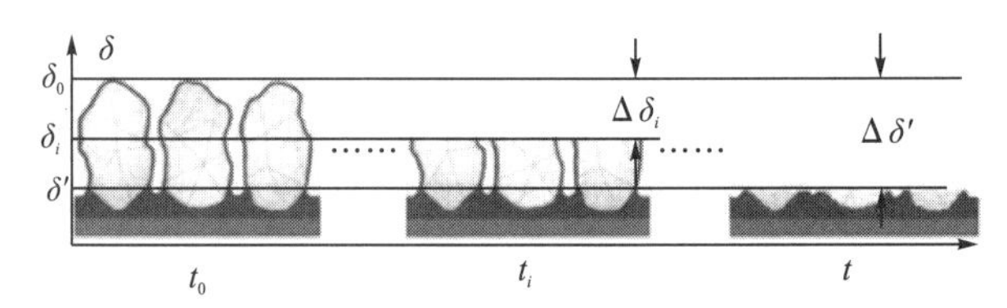

图 2.6 常规砂带磨削磨粒磨损规律

材料去除的过程就是磨粒与材料的抗衡过程，伴随着材料的去除以及磨粒的磨损。但是由于橡胶接触轮以及砂带布基的双重弹性特性而出现典型的磨粒磨削偏摆角 α，如图 2.7 所示，砂带磨削过程中磨粒的磨损不是理论上的磨粒顶部平面磨损，而是侧边磨损。这里将接触轮和砂带的变形系数综合定义为 k，且接触轮和砂带绕着磨粒中心偏摆。

如图 2.7 所示，常规砂带磨削中，当砂带以线速度 v_s^+ 磨削时，磨粒磨损主要在左侧，按照常规的磨削方法，磨损面积逐渐增加，切削力和磨削温度逐渐升高，导致磨削条件恶化，这样将严重影响工件表面质量以及型面精度。反之，通过改变磨削方向，即砂带以线速度 v_s^- 磨削时，根据运动学原理，磨削偏摆角 α 也会发生改变，从而改变了磨料与材料的切削角度 β，使得新的锋利的磨粒切削刃进入磨削，从而改善了磨削条件。由此，根据这一原理，通过磨削过程中的磨削方向的周期性改变，实现了砂带磨削过程中的自锐式磨削，提高材料去除率，减小砂带磨削磨粒磨损的影响。

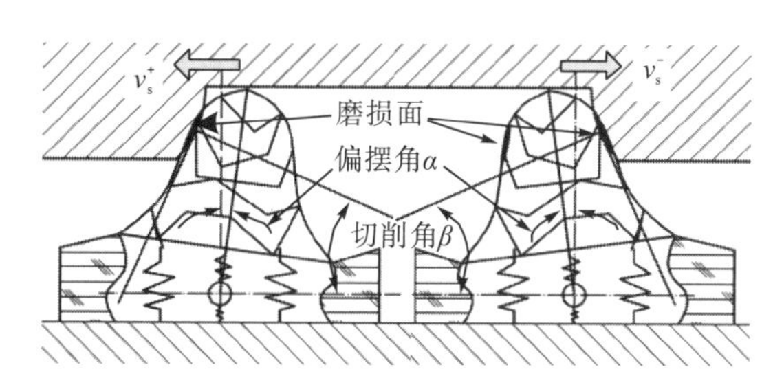

图 2.7　砂带自锐式磨削示意图

因此为了提高面型精度一致性，减小砂带磨损对表面质量以及型面精度的影响，结合砂带自锐式磨削原理，提出如图 2.8 所示的基于切削优化的开式砂带磨削新方法，砂带磨削的磨具系统(belt grinder modular, BGM)包含了砂带、接触轮和压力控制杆等部件。该方法在传统六轴联动运动的基础上，采用曲率往复更新复合运动来实现砂带磨削的微细磨料的高效去除及表面质量一致性，如图 2.8(a)所示。如图 2.8(b)所示为曲率往复更新复合运动，该运动包含：① 磨头以速度 v_f 进给的同时，砂带以恒定的线速度 v_s 在逆时针 v_s^+ 和顺时针 v_s^- 方向以频率 f、运动幅度 L、周期 T 做曲率往复运动；② 砂带从使用过的砂带到新砂带(worn to new, WTN)做自动更新运动，而自动更新运动分为不间断自动更新和间断自动更新。因此根据自动更新的不同形式，曲率往复更新复合运动分为曲率往复更新并行复合运动和曲率往复更新串行复合运动。

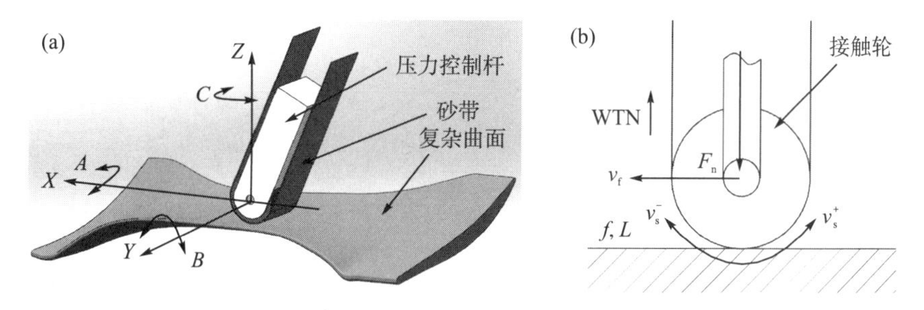

图 2.8　曲率往复更新复合运动模型

如图 2.9 所示为曲率往复更新复合磨削运动磨粒磨损规律示意图，该磨削运动包含三个状态。状态一：开始阶段，此时新磨粒进入切削，设定的磨削厚度为 a_p。状态二：砂带以 v_s^+ 顺时针运动，此时的磨削厚度为 a_e^{n1}，而磨粒的磨损主要在右侧。状态三：砂带以 v_s^- 逆时针运动，此时的磨削厚度为 a_e^{n2}，而磨粒的磨损主要在左侧。其中曲率往复更新并行复合运动在重复状态二和状态三的同时，砂带不间断自动更新；而曲率往复更新串行复合运动在重复状态二和状态三，当 n=NT 以后，砂带周期性自动更新，磨削进入状态一，此时新的磨粒进入磨削过程。

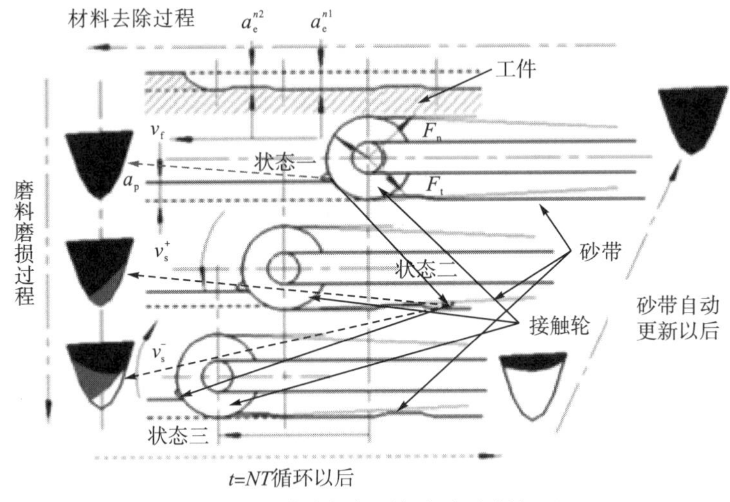

图 2.9　曲率往复更新复合磨削机理

2.2　开式砂带精密磨削运动控制方程及其仿真

在开式砂带磨削运动过程中，卷带轮 A 轮和储带轮 B 轮在运动过程中的直径是不断变化的，其中 A 轮半径 r_A 变为 r_A' 且逐渐增大，B 轮半径 r_B 变为 r_B' 且逐渐减小，如图 2.10 所示。由此，开式砂带磨削的更新运动符合阿基米德螺旋原理[144]。

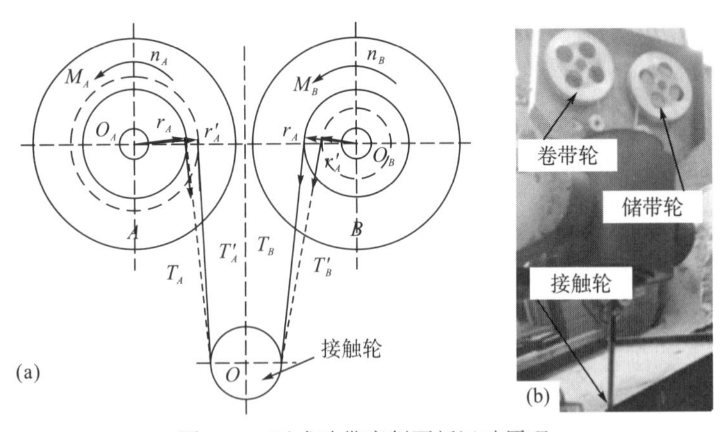

图 2.10　开式砂带磨削更新运动原理

2.2.1　阿基米德螺旋运动原理

在普通平面极坐标中，定义关系式：

$$r = a\theta \tag{2.11}$$

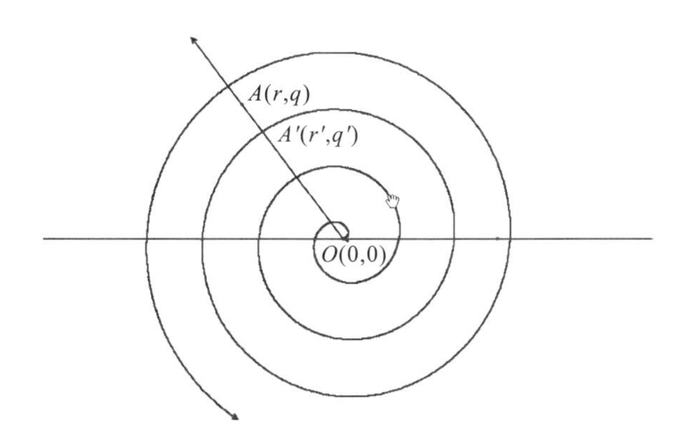

图 2.11　阿基米德螺旋线

图 2.11 中 O 为极坐标原点，曲线为根据阿基米德螺旋线方程(2.11)画出的螺旋线。对于这种螺旋线，我们可以基于它建立一个坐标系，对于平面上的任意一点 $A(r,\theta)$ ，连接 AO，线段 AO 与 $r=a\theta$ 曲线的交点离 $A(r,\theta)$ 最近的交点为 $A'(r',\theta)$，由此建立了 A'与 A 的映射关系。

这样，平面上的点都可以用阿基米德螺旋线上的点表示，并与实数集建立了多对一的映射关系。由此可以在阿基米德螺旋线上面等距离地标上刻度来表示螺旋线上每个点的坐标，根据坐标中曲线长度 l 的计算公式，可以得到：

$$l = \int_0^\theta \sqrt{(\mathrm{d}r)^2 + (r \cdot \mathrm{d}\theta)^2} = \int_0^\theta \sqrt{(\frac{\mathrm{d}r}{\mathrm{d}\theta})^2 + r^2}\mathrm{d}\theta$$

代入等式(2.11)，所以：

$$l = \int_0^\theta \sqrt{a^2 + \theta^2}\mathrm{d}\theta = \frac{a^2}{2}\ln(\theta + \sqrt{a^2 + \theta^2}) + \frac{\theta}{2}\sqrt{a^2 + \theta^2}$$

由于：

$$\lim_{\theta \to \infty} \frac{1}{\theta^2} = \frac{1}{2}$$

因此可以直接使用 θ^2 对该螺旋线上的点进行描述，即对螺线上每一点 (r,θ) 用一个实数 θ^2 来表示。而对于平面上任意一点 $A(r,\alpha)$，这里 $0 \leqslant \alpha \leqslant 2\pi$，都可以得到第一个交点 A'，坐标为 (r',θ)，其中 $A(r,\alpha)$、$A'(r',\theta)$ 满足关系：

$$\frac{r'}{a}=\theta=2\pi[\frac{r}{2\pi a}]+\alpha$$

从而：

$$\theta^2=(2\pi[\frac{r}{2\pi a}]+\alpha)^2 \tag{2.12}$$

根据等式(2.12)可以通过 θ^2 表示点 A，于是设计了一个实数粗略地表示屏幕上所有点的方法。在这种方法中，每个实数表示一条长为 $2\pi a$ 的线段。

这里将新建立的坐标系起名为阿基米德螺线坐标系，下文简称 NI 类坐标系，其中的点用(θ^2)表示。在 NI 坐标系中，一个实数表示长为 $2\pi a$ 的线段上面的所有点，所以表示平面上的点时必然产生径向误差 Δr：

$$\Delta r=2\pi a$$

这个误差的存在是用一个实数表示一个二维平面所不可避免的，但可以通过 a 的选择把误差控制在可接受的范围之内。

对某一个确定的点 $A(r,\alpha)$，在 NI 中为 $A(\theta^2)$，则可以得到：

$$\theta^2=(2\pi[\frac{r}{2\pi a}]+\alpha)^2$$

为了减小 Δr，必须要用更大的数值 θ^2 来描绘点 A。

对于平面中任意两点 A、B，在极坐标中有 $A(r_A,\alpha_A)$、$B(r_B,\alpha_B)$，在 NI 中有 $A(\theta_A^2)$、$B(\theta_B^2)$。可以得到：

$$\frac{r'}{a}=\theta=2\pi[\frac{r}{2\pi a}]+\alpha=d^*\pm\Delta d$$

$$\Delta\theta=\frac{r-r'}{2\pi} \tag{2.13}$$

这里用式(2.13)来表示 r 的极限误差，Δd 表示 d 的极限误差，d^*表示 A'和 B'之间的距离。对于多元函数，根据误差合成的公式得到：

$$y=f(x_1,x_2,x_3,\cdots,x_n)$$

$$\Delta y=\sum_{i=1}^{n}\left|\frac{\partial f}{\partial x_i}\Delta x_i\right|$$

其中，Δx_i、Δy 表示相应数值的误差。

在 NI 坐标系中 θ_A、θ_B 表示角度时没有误差，表示长度时 θ_A 和 θ_B 可能有 2π 的误差，故：

$$\Delta d=\frac{2\pi a^2}{d}\left[\left|\theta_A-\theta_B\cos(\theta_A-\theta_B)\right|+\left|\theta_B-\theta_A\cos(\theta_A-\theta_B)\right|\right] \tag{2.14}$$

将式(2.11)代入式(2.14)得到：

$$\Delta d=\frac{2\pi a}{d}\left[\left|r_A-r_B\cos(\theta_A-\theta_B)\right|+\left|r_B-r_A\cos(\theta_A-\theta_B)\right|\right]$$

其中：

$$d = |r_A - r_B \cos(\theta_A - \theta_B)|$$

同理：

$$d \geqslant |r_B - r_A \cos(\theta_A - \theta_B)|$$

于是可得到：

$$\Delta d \leqslant 4\pi a$$

当且仅当 $\theta_A - \theta_B = k\pi$，$k \in \mathbf{Z}$，即 A、B、O 共线时等号成立，误差最大。

Δd 与 a 正相关，又由于 $r=a\theta$，所以 Δd 与 θ 负相关。由此可以得出使用更大的 θ^2 对点进行描述可以减小误差 Δd。因此为了减小 Δr，必须用更大的数值 θ^2 来描述点 A，这可以推广到任意 Δd。由此可以得出通过减小 NI 坐标系中的 a 的值，增大描绘点 θ^2 的值，减小误差，并可以由上面的公式进行定量的计算，并讨论误差大小的情况。

同时注意到，不同的原点设置对于 NI 坐标系中点的径向误差 Δr 和两点间的极限误差 Δd 都会有影响。为了方便误差的讨论，这里将 NI 坐标系放入平面直角坐标系中，并从简单的形势到复杂的形式进行计算。

根据分析，建议将径向误差设定为定值，即无论原点设置在什么地方都无法避免由 $\Delta r=2\pi a$ 产生的最大径向误差。

对于多个点的情况，可以用各个点产生最大径向误差的和来描述产生误差的大小。令 n 个点为 A_1，…，A_i，…，A_n，其中 i=1，2，…，n。各个点产生的最大误差为 Δr_1，…，Δr_i，…，Δr_n，即总最大误差之和为

$$\sum_{i=1}^{n} \Delta r_i = n \cdot 2\pi a \tag{2.15}$$

原点设置在平面任一位置时式(2.15)都成立。

2.2.2　开式砂带磨削更新运动分析

由于电机的转矩 M 为

$$M = 9540 \frac{P}{n}$$

式中，P 为功率；n 为转速。

则 A 轮和 B 轮在旋转过程中的转矩 M_A、M_B 分别为

$$\begin{cases} M_A = 9540 \dfrac{P_A}{n_A} \\ M_B = 9540 \dfrac{P_B}{n_B} \end{cases}$$

又由于转矩 M 与扭力(拉力) T 的关系为

$$M = T \cdot r$$

由此可以分别得到在更新过程中 A 轮和 B 轮砂带的张力：

$$\begin{cases} T_A = 9540\dfrac{P_A}{r_A n_A} \\ T_B = 9540\dfrac{P_B}{r_B n_B} \end{cases} \text{和} \begin{cases} T'_A = 9540\dfrac{P_A}{r'_A n'_A} \\ T'_B = 9540\dfrac{P_B}{r'_B n'_B} \end{cases} \tag{2.16}$$

在砂带自动更新运动过程中，如果砂带的张力过大则容易出现断带现象，如果砂带张力过小则容易发生跑带现象，因此为了保证砂带更新运动，接触轮两边的拉力相等且在一个范围内，即

$$T_{\max} \geqslant T'_A = T'_B \geqslant T_{\min}$$

然而在实际的控制过程中难以实现 $T'_A = T'_B$，因此在实际过程中往往定义一个误差范围，即

$$-\varepsilon \leqslant T'_A - T'_B \leqslant \varepsilon \tag{2.17}$$

将式(2.16)代入式(2.17)可以得到 B 轮转速与 A 轮转速的关系：

$$\frac{9540 r'_A n'_A P_B}{(9540 P_A + \varepsilon r'_A n'_A) r'_B} \leqslant n'_B \leqslant \frac{9540 r'_A n'_A P_B}{(9540 P_A - \varepsilon r'_A n'_A) r'_B} \tag{2.18}$$

由于在开式磨削过程中，要通过控制两个电机来实现拉力的平衡是比较复杂的，因此根据等式同时结合阿基米德螺旋线原理可知，在 r'_A 逐渐增大的同时，r'_B 逐渐减小，如果这时 A 轮转速不变，极易造成拉力超出范围。因此，可以通过增加 A 轮的转速，保证 B 轮的转速始终在误差范围内，从而实现自动更新过程中的双电机同步控制。

通常情况下，磨削过程中开式砂带的张力 $T = 0.5 \sim 0.8N$，为了保证精度误差控制在 10%以内，在式(2.18)中就可以定义 $\varepsilon \leqslant 0.05N$，可以看出拉力控制范围精度要求极高。因此，为了保证砂带磨削过程中张力的控制，在开式砂带磨削系统中增加了张力自补偿模块，如图 2.12 所示。

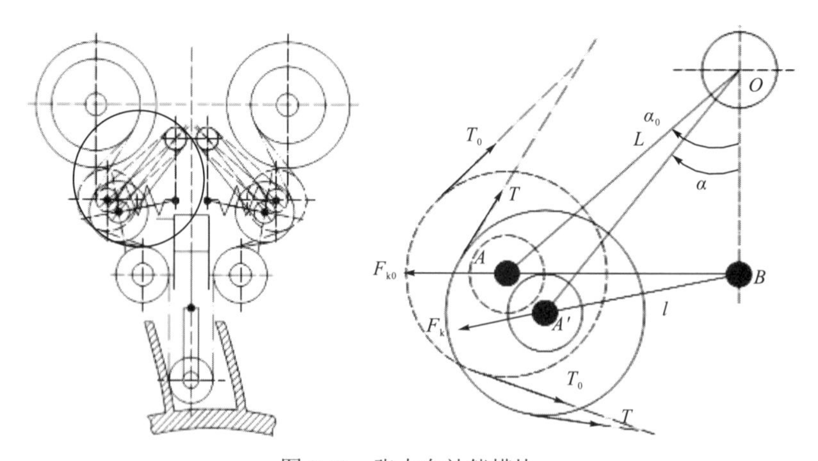

图 2.12 张力自补偿模块

如图 2.12 所示，可以计算出张力 T 和 F_k 的关系：

$$F_k = 2T\sin\alpha \tag{2.19}$$

式中，F_k 为弹性力；α 为张紧轮偏摆角度。

同时：

$$F_k = kx \tag{2.20}$$

式中，k 为弹性系数；x 为位移。

根据式(2.19)和式(2.20)可以得到：

$$x=2T\frac{1}{k}\sin\alpha \tag{2.21}$$

根据式(2.21)可以看出，随着拉力的增加，弹性变形长度也增加，但是增加的长度与弹性模量关系很大，往往通过弹性模量的优化来控制张力自补偿范围。该方法的控制原理在于：当张力过大的时候，在弹性模量不变的情况下，x 会增大，随之 α 会增大，此时砂带就会放松，从而减小砂带张力；反之，当张力过小的时候，x 会减小，随之 α 会减小，此时砂带进一步张紧，从而增加了砂带张力。

2.2.3　曲率往复更新串行复合运动分析

曲率往复更新串行(belt-renew after curvature reciprocating)复合磨削运动模型如图 2.13 所示，将砂带 8 缠绕在储带轮 1、卷带轮 9、接触轮 6、张紧轮 3、包角控制轮 4 及过渡轮 2 等轮系上，如图 2.13(a)所示。该方法通过压力控制轴 7 从而控制砂带与工件型面的接触压力 F_n，在磨削进给速度为 v_f 时，储带轮与卷带轮的同步运动保证在带轮半径 R_L 和 R_R 不断变化的情况下通过控制同步运动转速 n_L 和 n_R 以及转角 θ_L 和 θ_R 保证砂带同步线速度 v_{sL} 和 v_{sR} 以及砂带拉力 T_L 和 T_R 相同，进而形成砂带往复运动线速度 v_s，如图 2.13(b)所示。在完成一个磨削周期以后，通过卷带轮运动将用过的砂带(此时砂带厚度为 δ')缠绕在卷带轮上，同时通过储带轮运动将新砂带(此时砂带厚度为 δ_0)运动至型面磨削区域[145,146]。其运动控制方程如式(2.22)所示。

$$v_s = \begin{cases} v_s^+, t=(n-1)T \to (n-1)T+T/2 \\ v_s^-, t=(n-1)T+T/2 \to nT \end{cases} \quad (n=1，2，\cdots，N) \tag{2.22}$$

如式(2.22)所示，当 $t=(n-1)T \to (n-1)T+T/2$ 时，砂带以 $v_s = v_s^+$ 的线速度向逆时针方向旋转，运动长度 $l=L$，此时砂带磨料主要在右侧磨损，同时砂带磨料在左侧形成锋利切边；当 $t=(n-1)T+T/2 \to nT$ 时，砂带以 $v_s = v_s^-$ 的线速度向顺时针方向旋转，运动长度 $l=L$，此时砂带磨料主要在左侧磨损，同时砂带磨料在右侧形成锋利切边；当砂带以 L 长度往复运动 $n=N$ 次以后，储带轮放卷 L 长度的砂带，同时卷带轮收卷 L 长度的砂带，此时新砂带重新进入材料的磨削加工过程。

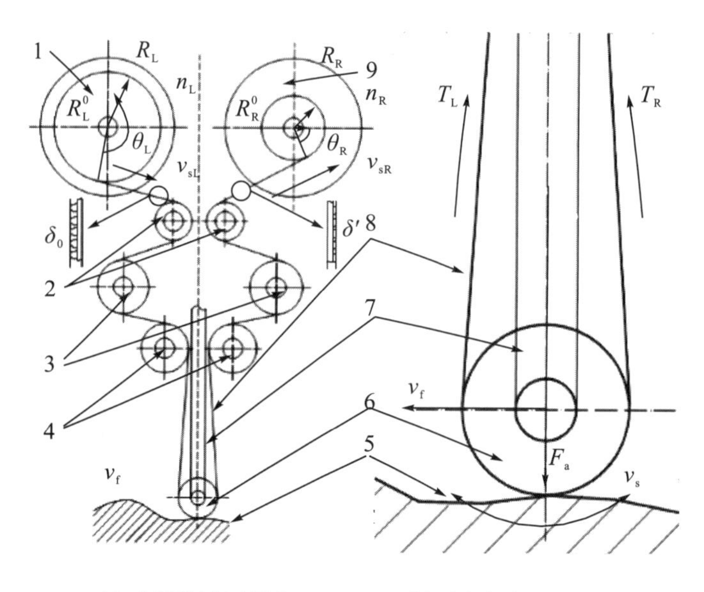

(a) 串行复合运动原理　　(b) 串行复合运动参数

图 2.13　曲率往复更新串行复合磨削运动模型

1.卷带轮; 2.传动轮; 3.张紧轮; 4.包角轮; 5.叶片; 6.接触轮; 7.压力控制杆; 8.砂带; 9.储带轮

在曲率往复更新串行复合磨削运动过程中，储带轮与卷带轮在磨削过程中在不同的周期内表现出不同的功能。当 $t=(n-1)T \to (n-1)T+T/2$ 时，储带轮与卷带轮顺时针旋转，此时储带轮起着放卷而卷带轮起着收卷的作用；当 $t=(n-1)T+T/2 \to nT$ 时，储带轮与卷带轮逆时针旋转，此时储带轮起着收卷而卷带轮起着放卷的作用，从而使得接触轮在砂带的带动下不断地周期性往复转动。

应保证加工过程中储带轮带盘、卷带轮带盘边缘砂带的线速度相同，即

$$v_s = v_s^+ = v_s^-$$

式中，$v_s^+=\dfrac{1}{3}n_L\pi R_L\times10^{-4}$，$v_s^-=\dfrac{1}{3}n_R\pi R_R\times10^{-4}$，$v_s$、$v_s^+$ 和 v_s^- 的单位为 m/s；n_L 和 n_R 的单位为 r/min；R_L 和 R_R 的单位为 mm。

由此可以得到储带轮和卷带轮的转速控制方程：

$$\begin{cases} n_L = \dfrac{3v_s}{\pi R_L}\times10^4 \\ n_R = \dfrac{3v_s}{\pi R_R}\times10^4 \end{cases} \tag{2.23}$$

储带轮和卷带轮的带盘直径 R_L 和 R_R 在磨削运动过程中逐渐变化，同时在实际的同步运动控制过程中，由于砂带磨损、拉伸变形、电机方向改变的停顿以及轮系安装误差等都会影响到轮带盘边缘砂带的线速度，因此为了保证储带轮与卷带轮转速同步，必须通过专用的程序控制伺服电机的运动来调节轮盘的转速值。

同时由于每次砂带往复运动长度是恒定的，即 $l=L$，由此可以得到储带轮和卷带轮的转速控制方程。

状态 1：当 $t=(n-1)T \to (n-1)T+T/2$ 时，砂带向逆时针方向旋转，此时储带轮和卷带轮顺时针旋转，储带轮处于放卷而卷带轮处于收卷，设储带轮初始直径为 R_{L}^{0}，卷带轮初始直径为 R_{R}^{0}。

对于状态 1 的储带轮，储带轮半径逐渐减小，其变化规律为

$$
\begin{aligned}
& l_{\mathrm{L}}^{11}=2\pi\left(R_{\mathrm{L}}^{0}-\delta\right) && R_{\mathrm{L}}^{11}=R_{\mathrm{L}}^{0}-\delta \\
& l_{\mathrm{L}}^{12}=2\pi\left(R_{\mathrm{L}}^{0}-2\delta\right) && R_{\mathrm{L}}^{12}=R_{\mathrm{L}}^{0}-2\delta \\
& \vdots && \vdots \\
& l_{\mathrm{L}}^{1n}=2\pi\left(R_{\mathrm{L}}^{0}-n\delta\right) && R_{\mathrm{L}}^{1n}=R_{\mathrm{L}}^{0}-n\delta \\
& l_{\mathrm{L}}^{1(n+1)}=\theta_{\mathrm{L}}\left[R_{\mathrm{L}}^{0}-(n+1)\delta\right] && R_{\mathrm{L}}^{1(n+1)}=R_{\mathrm{L}}^{0}-(n+1)\delta
\end{aligned}
$$

式中，θ_{L} 为储带轮旋转 n 圈以后的转角。

由此可以得到储带轮状态 1 的放卷总长度 l_{L}^{1} 以及储带轮半径 R_{L}^{1} 分别为

$$
\begin{cases}
l_{\mathrm{L}}^{1}=l_{\mathrm{L}}^{11}+l_{\mathrm{L}}^{12}+\ldots+l_{\mathrm{L}}^{1n}+l_{\mathrm{L}}^{1(n+1)} \\
\quad =2\pi nR_{\mathrm{L}}^{0}-n(n+1)\pi\delta+\theta_{\mathrm{L}}[R_{\mathrm{L}}^{0}-(n+1)\delta] \\
R_{\mathrm{L}}^{1}=R_{\mathrm{L}}^{1(n+1)}=R_{\mathrm{L}}^{0}-(n+1)\delta
\end{cases}
\tag{2.24}
$$

如果令

$$
l_{\mathrm{L}}=2\pi nR_{\mathrm{L}}^{0}-n(n+1)\pi\delta \tag{2.25}
$$

则卷带总长度为

$$
l_{\mathrm{L}}^{1}=l_{\mathrm{L}}+\theta_{\mathrm{L}}\left[R_{\mathrm{L}}^{0}-(n+1)\delta\right] \tag{2.26}
$$

对于状态 1 的卷带轮，卷带轮半径逐渐增大，其变化规律为

$$
\begin{aligned}
& l_{\mathrm{R}}^{11}=2\pi\left(R_{\mathrm{R}}^{0}-\delta'\right) && R_{\mathrm{R}}^{11}=R_{\mathrm{R}}^{0}-\delta' \\
& l_{\mathrm{R}}^{12}=2\pi\left(R_{\mathrm{R}}^{0}-2\delta'\right) && R_{\mathrm{R}}^{12}=R_{\mathrm{R}}^{0}-2\delta' \\
& \vdots && \vdots \\
& l_{\mathrm{R}}^{1n}=2\pi\left(R_{\mathrm{R}}^{0}-n\delta'\right) && R_{\mathrm{R}}^{1n}=R_{\mathrm{R}}^{0}+n\delta' \\
& l_{\mathrm{R}}^{1(n+1)}=\theta_{\mathrm{R}}\left[R_{\mathrm{R}}^{0}-(n+1)\delta'\right] && R_{\mathrm{R}}^{1(n+1)}=R_{\mathrm{R}}^{0}+(n+1)\delta'
\end{aligned}
$$

式中，θ_{R} 为卷带轮旋转 n 圈以后的转角。

由此可以得到卷带轮状态 1 的卷带总长度 l_{R}^{1} 以及卷带轮半径 R_{R}^{1} 分别为

$$
\begin{cases}
l_{\mathrm{R}}^{1}=l_{\mathrm{R}}^{11}+l_{\mathrm{R}}^{12}+\mathrm{K}+l_{\mathrm{R}}^{1n}+l_{\mathrm{R}}^{1(n+1)} \\
\quad =2\pi nR_{\mathrm{R}}^{0}+n(n+1)\pi\delta'+\theta_{\mathrm{R}}[R_{\mathrm{R}}^{0}+(n+1)\delta'] \\
R_{\mathrm{R}}^{1}=R_{\mathrm{R}}^{1(n+1)}=R_{\mathrm{R}}^{0}+(n+1)\delta'
\end{cases}
\tag{2.27}
$$

如果令

$$l_{\mathrm{R}} = 2\pi n R_{\mathrm{R}}^{0} + n(n+1)\pi\delta' \tag{2.28}$$

则可得

$$l_{\mathrm{R}}^{1} = l_{\mathrm{R}} + \theta_{\mathrm{R}}[R_{\mathrm{R}}^{0} + (n+1)\delta'] \tag{2.29}$$

状态 2：当$t=(n-1)T+T/2 \to nT$时，砂带向顺时针方向旋转，此时储带轮和卷带轮逆时针旋转，储带轮处于收卷而卷带轮处于放卷。

对于状态 2 的储带轮，储带轮半径逐渐增大，其变化规律为

$$\begin{aligned}
&l_{\mathrm{L}}^{21} = 2\pi\left(R_{\mathrm{L}}^{0} - n\delta\right) && R_{\mathrm{L}}^{21} = R_{\mathrm{L}}^{0} - n\delta \\
&l_{\mathrm{L}}^{22} = 2\pi\left[R_{\mathrm{L}}^{0} - (n-1)\delta\right] && R_{\mathrm{L}}^{22} = R_{\mathrm{L}}^{0} - (n-1)\delta \\
&\quad\vdots && \quad\vdots \\
&l_{\mathrm{L}}^{2n} = 2\pi\left(R_{\mathrm{L}}^{0} - \delta\right) && R_{\mathrm{L}}^{2n} = R_{\mathrm{L}}^{0} - \delta \\
&l_{\mathrm{L}}^{2(n+1)} = \theta_{\mathrm{L}} R_{\mathrm{L}}^{0} && R_{\mathrm{L}}^{2(n+1)} = R_{\mathrm{L}}^{0}
\end{aligned}$$

由此可以得到储带轮状态 2 的放卷总长度l_{L}^{2}以及储带轮半径R_{L}^{2}分别为

$$\begin{aligned}
l_{\mathrm{L}}^{2} &= l_{\mathrm{L}}^{21} + l_{\mathrm{L}}^{22} + \cdots + l_{\mathrm{L}}^{2n} + l_{\mathrm{L}}^{2(n+1)} \\
&= 2\pi n R_{\mathrm{L}}^{0} - n(n+1)\pi\delta + \theta_{\mathrm{L}} R_{\mathrm{L}}^{0} \\
&= l_{\mathrm{L}} + \theta_{\mathrm{L}} R_{\mathrm{L}}^{0}
\end{aligned} \tag{2.30}$$

$$R_{\mathrm{L}}^{2} = R_{\mathrm{L}}^{2(n+1)} = R_{\mathrm{L}}^{1} - (n+1)\delta = R_{\mathrm{L}}^{0} \tag{2.31}$$

对于状态 2 的卷带轮，卷带轮半径逐渐减小，其变化规律为

$$\begin{aligned}
&l_{\mathrm{R}}^{21} = 2\pi\left(R_{\mathrm{R}}^{0} + n\delta'\right) && R_{\mathrm{R}}^{21} = R_{\mathrm{R}}^{0} + n\delta' \\
&l_{\mathrm{R}}^{22} = 2\pi\left[R_{\mathrm{R}}^{0} + (n-1)\delta'\right] && R_{\mathrm{R}}^{22} = R_{\mathrm{R}}^{0} + (n-1)\delta' \\
&\quad\vdots && \quad\vdots \\
&l_{\mathrm{R}}^{2n} = 2\pi\left(R_{\mathrm{R}}^{0} + \delta'\right) && R_{\mathrm{R}}^{2n} = R_{\mathrm{R}}^{0} + \delta' \\
&l_{\mathrm{R}}^{2(n+1)} = \theta_{\mathrm{R}} R_{\mathrm{R}}^{0} && R_{\mathrm{R}}^{2(n+1)} = R_{\mathrm{R}}^{0}
\end{aligned}$$

由此可以得到卷带轮状态 2 的卷带总长度l_{R}^{2}以及卷带轮半径R_{R}^{2}分别为

$$\begin{aligned}
l_{\mathrm{R}}^{2} &= l_{\mathrm{R}}^{21} + l_{\mathrm{R}}^{22} + \ldots + l_{\mathrm{R}}^{2n} + l_{\mathrm{R}}^{2(n+1)} \\
&= 2\pi n R_{\mathrm{R}}^{0} + n(n+1)\pi\delta' + \theta_{\mathrm{R}} R_{\mathrm{R}}^{0} \\
&= l_{\mathrm{R}} + \theta_{\mathrm{R}} R_{\mathrm{R}}^{0}
\end{aligned} \tag{2.32}$$

$$R_{\mathrm{R}}^{2} = R_{\mathrm{R}}^{2(n+1)} = R_{\mathrm{R}}^{1} - (n+1)\delta' = R_{\mathrm{R}}^{0} \tag{2.33}$$

状态 3：当$t=NT$时，即砂带按照状态 1 和状态 2 的运动规律往复运动$n=N$次以后，砂带自动更新，此时储带轮和卷带轮顺时针旋转，按照状态 1 进行运动。

状态 1～状态 3 以及整个磨削系统控制流程如图 2.14 所示。这里为了避免由

于砂带磨损或者拉伸变形所导致的单层砂带厚度的变化，设置进入储带轮的砂带始终为使用前的新砂带，而进入卷带轮的砂带始终为使用过的砂带。

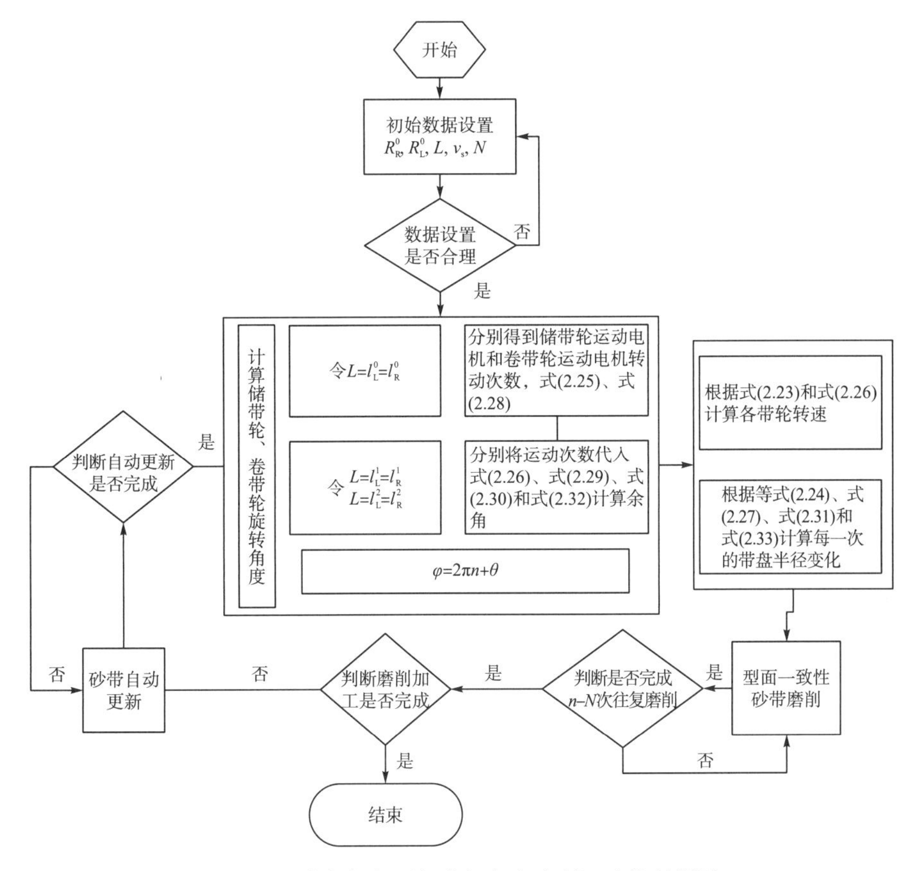

图2.14　曲率往复更新串行复合磨削运动控制框图

2.2.4　曲率往复更新并行复合运动分析

曲率往复更新并行(belt-renew and curvature reciprocating)复合磨削运动模型如图2.15所示，该运动模型是在曲率往复更新串行运动模型中增加了独立的曲率往复运动控制模块，实现了在砂带磨削的同时不间断更新砂带，有效地并行集成了砂带更新运动与曲率往复运动。

如图2.15(a)所示，曲率往复更新并行复合磨削运动包含卷带轮、储带轮、曲率往复运动模块、砂带、自张紧系统等，其中曲率往复运动模块包含往复驱动轮、往复运动杆和往复传动轮等。

如图2.15(b)所示，根据上述运动模型可以得到其在运动过程中的往复运动速度[147,148] v_s：

$$v_s = \frac{dl}{dt} = \pm 2\pi f L \sin(2\pi f t) \tag{2.34}$$

式中，L为往复运动幅度，mm；f为往复运动频率，Hz；t为往复运动时间，s。

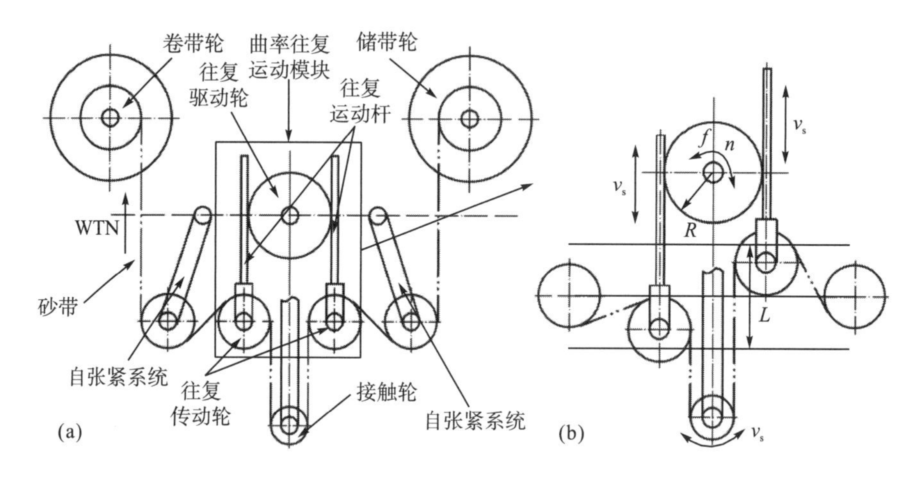

图 2.15 曲率往复更新并行复合运动模型

对式(2.34)进行积分可以得到：

$$l = \int v_s dt = l_0 \pm L\cos(2\pi f t) \tag{2.35}$$

根据$\omega = \frac{v_s}{R}$，其中ω为驱动往复轮的角速度，R为驱动轮半径，由式(2.34)可以得到：

$$\omega = \pm 2\pi f \frac{L}{R} \sin(2\pi f t) \tag{2.36}$$

由于$n = \frac{30}{\pi}\omega$，可以得到驱动往复轮的转速控制方程：

$$n = \pm 60\pi f \frac{L}{R} \sin(2\pi f t) \tag{2.37}$$

往复驱动轮以转速n做高速旋转，带动往复运动杆做直线运动，当往复驱动轮顺时针旋转的时候，左往复运动杆以线速度v_s向上运动，而右往复运动杆以线速度v_s向下运动，此时砂带往复运动通过左往复运动杆的往复传动轮来拉动；当往复驱动轮逆时针旋转的时候，左往复运动杆以线速度v_s向下运动，而右往复运动杆以线速度v_s向上运动，此时砂带往复运动通过右往复运动杆的往复传动轮来拉动。在运动过程中，由于控制精度、安装精度等误差，导致左右往复运动杆出现不同步的现象，这样通过自张紧系统保证砂带始终以恒定的张紧力，减少砂带过度张紧或者松弛而出现断带和跑带的现象。

2.3　开式砂带磨头关键结构设计与磨头调试

2.3.1　二次静压气浮磨具设计与分析

在磨削压力的作用下，微小接触轮(接触轮直径 2.5 mm)与中心轴以及砂带与接触轮之间存在较大的磨损，这将严重影响磨具寿命。静压气体润滑技术已经被广泛应用于气浮轴承、气浮导轨设计中，具有摩擦小、精度高、无磨损、无污染、维护保养少、寿命长等诸多优点。基于二次静压气浮原理设计了如图 2.16 所示的开式砂带精密磨削气浮磨具结构。该结构包含了带有一次节流孔的中心轴、带有二次节流孔的接触轮。一方面，通过一次节流孔保证中心轴与套筒之间存在气膜，这样可以减少中心轴与套筒的磨损；另一方面，通过二次节流孔保证接触轮与砂带之间存在气膜，同时设计了螺旋冷却槽，以形成螺旋涡流，如此可以减少接触轮的磨损。通过该方法可以增加微小接触轮的寿命。

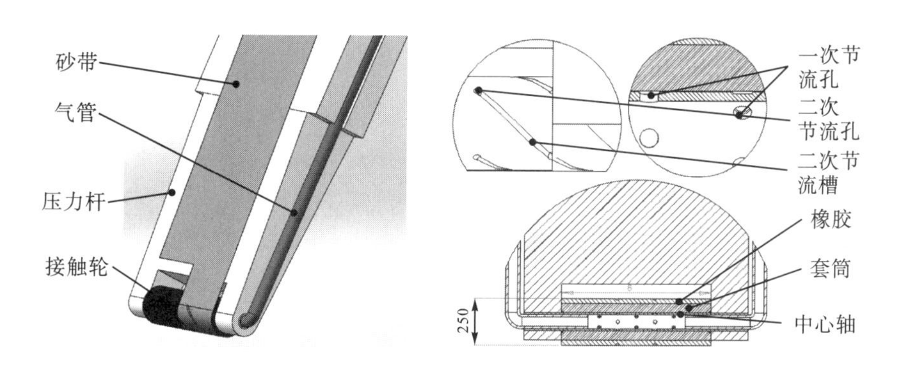

图 2.16　开式砂带精密磨削气浮磨具结构简图

如图 2.17 所示为二次静压气浮润滑原理图，其工作原理是通过采用空气压缩机为气膜提供压力，采用小空节流的设计方案将气源气体经过节流器(通常是一些开在轴表面上的进气孔或者进气狭缝)进入间隙，然后连续地从接触轮外边缘排入大气，利用气体黏性提高气膜间隙内的气体压力使物体浮起。轴与轴套以及接触轮与砂带之间的润滑气膜厚度一般取 12～50μm，当气膜产生的总浮力与负载相平衡时工作轴承达到平衡位置，从而实现气体润滑[149]。

因为表征气体润滑的雷诺方程是二阶偏微分方程，难以获得精确的解析解，因而应用静压气浮磨具的难点在于确定气膜的承载能力。经典润滑理论假定做相对运动的两个表面是理想光滑表面，气体轴承的特征主要取决于润滑剂(气体)在间隙中的流动，在通常情况下,气体被看作牛顿流体,气体的流动由 Navier-Stocks 方程描述[150,151]。

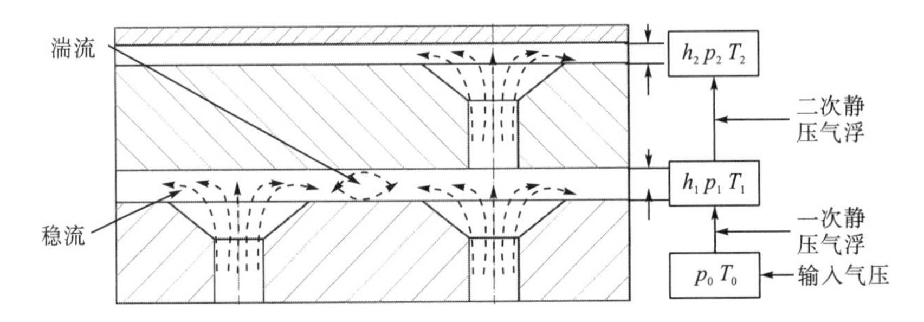

图 2.17 二次静压气浮润滑原理

$$\begin{cases}\rho(\dfrac{\partial u}{\partial t}+u\dfrac{\partial u}{\partial x}+v\dfrac{\partial u}{\partial y}+w\dfrac{\partial u}{\partial z})=-\dfrac{\partial p}{\partial x}+\dfrac{\partial}{\partial x}\{\mu[2\dfrac{\partial u}{\partial x}-\dfrac{2}{3}(\dfrac{\partial u}{\partial x}+\dfrac{\partial v}{\partial y}+\dfrac{\partial w}{\partial z})]\}\\ \qquad +\dfrac{\partial}{\partial y}[\mu(\dfrac{\partial v}{\partial x}+\dfrac{\partial u}{\partial y})]+\dfrac{\partial}{\partial z}[\mu(\dfrac{\partial u}{\partial z}+\dfrac{\partial w}{\partial x})]\\ \rho(\dfrac{\partial v}{\partial t}+u\dfrac{\partial v}{\partial x}+v\dfrac{\partial v}{\partial y}+w\dfrac{\partial v}{\partial z})=-\dfrac{\partial p}{\partial y}+\dfrac{\partial}{\partial y}\{\mu[2\dfrac{\partial v}{\partial y}-\dfrac{2}{3}(\dfrac{\partial u}{\partial x}+\dfrac{\partial v}{\partial y}+\dfrac{\partial w}{\partial z})]\}\\ \qquad +\dfrac{\partial}{\partial z}[\mu(\dfrac{\partial v}{\partial z}+\dfrac{\partial w}{\partial y})]+\dfrac{\partial}{\partial x}[\mu(\dfrac{\partial u}{\partial y}+\dfrac{\partial v}{\partial x})]\\ \rho(\dfrac{\partial w}{\partial t}+u\dfrac{\partial w}{\partial x}+v\dfrac{\partial w}{\partial y}+w\dfrac{\partial w}{\partial z})=-\dfrac{\partial p}{\partial z}+\dfrac{\partial}{\partial z}\{\mu[2\dfrac{\partial w}{\partial z}-\dfrac{2}{3}(\dfrac{\partial u}{\partial x}+\dfrac{\partial v}{\partial y}+\dfrac{\partial w}{\partial z})]\}\\ \qquad +\dfrac{\partial}{\partial x}[\mu(\dfrac{\partial w}{\partial x}+\dfrac{\partial u}{\partial z})]+\dfrac{\partial}{\partial y}[\mu(\dfrac{\partial v}{\partial z}+\dfrac{\partial w}{\partial y})]\end{cases} \tag{2.38}$$

式中，u、v、w 分别为 x、y、z 方向的气体运动速度，m/s；μ 为气体黏性系数，Pa·s；p 为气体压力，Pa；ρ 为气体密度，kg/m^3。

气体连续性方程：

$$\frac{\partial \rho}{\partial t}+\frac{\partial}{\partial x}(\rho u)+\frac{\partial}{\partial y}(\rho v)+\frac{\partial}{\partial z}(\rho w)=0 \tag{2.39}$$

$$\begin{cases}\dfrac{p}{\rho}=RT\\ \dfrac{p}{\rho}=\dfrac{p_{\rm a}}{\rho_{\rm a}}\end{cases} \tag{2.40}$$

式中，$p_{\rm a}$ 为大气压力，Pa；$\rho_{\rm a}$ 为大气密度，kg/m^3。

对如图 2.17 的假设符合以下条件：① 在量级上，设 x 方向的长度量级 $O(x)=1$，y 方向的长度量级 $O(y)=1$，气膜间隙方向的高度量级 $O(h)=10^{-4}$；② 间隙内的气流完全达到边界层流状态；③ 惯性力项与压力梯度项的比值为极小值，即式(2.38)的左边可以忽略；④ 与假设① 相关联，设间隙高度方向的压力为定值，即 z 方向速度可以忽略；⑤ 主要黏性力只包括 $\partial^2 u/\partial z^2$ 和 $\partial^2 v/\partial z^2$，其他各项可以忽略不计；⑥ 工作介质为常温下的理想气体。根据假设，可以将式(2.38)化简为

$$\begin{cases} \dfrac{\partial p}{\partial x} = \dfrac{\partial}{\partial z}\left(\mu \dfrac{\partial u}{\partial z}\right) \\ \dfrac{\partial p}{\partial y} = \dfrac{\partial}{\partial z}\left(\mu \dfrac{\partial v}{\partial z}\right) \\ \dfrac{\partial p}{\partial z} = 0 \end{cases} \tag{2.41}$$

将式(2.41)乘以 $\mathrm{d}z^2$，并对 z 积分两次，设 μ 为常量，得到：

$$\begin{cases} u = \dfrac{1}{2\mu}\dfrac{\partial p}{\partial x} z^2 + c_1 z + c_2 \\ v = \dfrac{1}{2\mu}\dfrac{\partial p}{\partial y} z^2 + c_3 z + c_4 \end{cases} \tag{2.42}$$

式(2.42)中积分常数 c_1、c_2、c_3、c_4 由速度边界条件给出。

(1) $\sqrt{x^2+y^2} < \dfrac{d_1}{2}$ (d_1 为一次静压气浮直径)：$z=0$ 处 $u=u_1$，$v=v_1$，$w=0$；且 $z=h+\delta$ (h 为气浮高度，δ 为气膜厚度) 处 $u=u_2$，$v=v_2$，$w=0$。得到：

$$\begin{cases} c_1 = -\dfrac{(h+\delta)}{2\mu}\dfrac{\partial p}{\partial x} + \dfrac{u_2-u_1}{(h+\delta)} \\ c_2 = u_1 \\ c_3 = -\dfrac{(h+\delta)}{2\mu}\dfrac{\partial p}{\partial y} + \dfrac{v_2-v_1}{(h+\delta)} \\ c_4 = v_1 \end{cases} \tag{2.43}$$

将式(2.43)代入式(2.42)，得到：

$$\begin{cases} u = -\dfrac{1}{2\mu}\dfrac{\partial p}{\partial x} z(h+\delta-z) + \dfrac{u_2-u_1}{h+\delta} z + u_1 \\ v = -\dfrac{1}{2\mu}\dfrac{\partial p}{\partial y} z(h+\delta-z) + \dfrac{v_2-v_1}{h+\delta} z + v_1 \end{cases} \tag{2.44}$$

(2) $\dfrac{d_1}{2} < \sqrt{x^2+y^2} < \dfrac{D}{2}$ (D 为二次静压气浮直径)：$z=0$ 处 $u=u_1$，$v=v_1$，$w=0$；且 $z=h$ 处 $u=u_2$，$v=v_2$，$w=0$。同理可得：

$$\begin{cases} u = -\dfrac{1}{2\mu}\dfrac{\partial p}{\partial x}z(h-z) + \dfrac{u_2 - u_1}{h}z + u_1 \\ v = -\dfrac{1}{2\mu}\dfrac{\partial p}{\partial y}z(h-z) + \dfrac{v_2 - v_1}{h}z + v_1 \end{cases} \tag{2.45}$$

定义 $H = h + \delta_i \cdot \delta$，$\delta_i$ 是克罗内克(Kronecker delta)函数：

$$\delta_i = \begin{cases} 1，0 < \sqrt{x^2 + y^2} < \dfrac{d_1}{2} \\ 0, \dfrac{d_1}{2} < \sqrt{x^2 + y^2} < \dfrac{D}{2} \end{cases} \tag{2.46}$$

则可以得到：

$$\begin{cases} u = -\dfrac{1}{2\mu}\dfrac{\partial p}{\partial x}z(H-z) + \dfrac{u_2 - u_1}{H}z + u_1 \\ v = -\dfrac{1}{2\mu}\dfrac{\partial p}{\partial y}z(H-z) + \dfrac{v_2 - v_1}{H}z + v_1 \end{cases}$$

式(2.39)对 z 积分，积分限 $0 < z < H$，则有

$$\int_0^H \frac{\partial \rho}{\partial t}\mathrm{d}z + \int_0^H \frac{\partial(\rho u)}{\partial x}\mathrm{d}z + \int_0^H \frac{\partial(\rho v)}{\partial y}\mathrm{d}z + \int_0^H \frac{\partial(\rho w)}{\partial z}\mathrm{d}z = 0 \tag{2.47}$$

考虑到假设①和④，即 $w = 0$，所以上式可以写为

$$\int_0^H \frac{\partial \rho}{\partial t}\mathrm{d}z + \int_0^H \frac{\partial(\rho u)}{\partial x}\mathrm{d}z + \int_0^H \frac{\partial(\rho v)}{\partial y}\mathrm{d}z = 0 \tag{2.48}$$

对于任意函数 $f(x,y)$ 有

$$\int_0^a \frac{\partial}{\partial x} f(x,y)\mathrm{d}y = \frac{\partial}{\partial x}\int_0^a f(x,y)\mathrm{d}y - f(x,a)\frac{\partial a}{\partial x} \tag{2.49}$$

$$\begin{cases} \displaystyle\int_0^H \frac{\partial \rho}{\partial t}\mathrm{d}z = \frac{\partial}{\partial t}\int_0^H \rho \mathrm{d}z - \rho_H \frac{\partial H}{\partial t} \\ \displaystyle\int_0^H \frac{\partial(\rho u)}{\partial x}\mathrm{d}z = \frac{\partial}{\partial x}\int_0^H \rho u \mathrm{d}z - \rho_H u_H \frac{\partial H}{\partial x} \\ \displaystyle\int_0^H \frac{\partial(\rho v)}{\partial y}\mathrm{d}z = \frac{\partial}{\partial y}\int_0^H \rho v \mathrm{d}z - \rho_H v_H \frac{\partial H}{\partial y} \end{cases} \tag{2.50}$$

式中，u_{H}、v_{H} 分别为 $z=H$ 平面上气体在 x、y 方向的速度，m/s；ρ_{H} 为 $z=H$ 平面上气体的密度，$\mathrm{kg/m^3}$。

考虑到间隙内的气体是理想气体，其密度不随 z 方向而改变，所以 $\rho_{\mathrm{H}}=\rho$ 为常量，从而有

$$\begin{cases} \displaystyle\frac{\partial}{\partial x}\int_0^H \rho u \mathrm{d}z = \frac{\partial}{\partial x}(\rho\int_0^H u \mathrm{d}z) \\ \displaystyle\frac{\partial}{\partial y}\int_0^H \rho v \mathrm{d}z = \frac{\partial}{\partial y}(\rho\int_0^H v \mathrm{d}z) \end{cases} \tag{2.51}$$

因为在假设①中间隙是小量，所以 $\partial H/\partial t$ 、 $\partial H/\partial x$ 、 $\partial H/\partial y$ 也都为小量，可以近似忽略。所以式(2.49)可以修改为

$$\begin{cases} \int_0^H \frac{\partial \rho}{\partial t}\mathrm{d}z = \frac{\partial}{\partial t}(\rho H) \\ \int_0^H \frac{\partial(\rho u)}{\partial x}\mathrm{d}z = \frac{\partial}{\partial x}(\rho\int_0^H u\mathrm{d}z) \\ \int_0^H \frac{\partial(\rho v)}{\partial y}\mathrm{d}z = \frac{\partial}{\partial y}(\rho\int_0^H v\mathrm{d}z) \end{cases} \tag{2.52}$$

将式(2.52)代入式(2.47)可以得到：

$$\frac{\partial}{\partial t}(\rho H)+\frac{\partial}{\partial x}(\rho\int_0^H u\mathrm{d}z)+\frac{\partial}{\partial y}(\rho\int_0^H v\mathrm{d}z)=0 \tag{2.53}$$

将式(2.45)代入式(2.53)可以得到：

$$\begin{aligned} &\frac{\partial}{\partial t}(\rho H)+\frac{\partial}{\partial x}\left\{\rho\int_0^H\left[\frac{1}{2\mu}\frac{\partial p}{\partial x}\bullet z^2+\left(\frac{u_2-u_1}{H}-\frac{H}{2\eta}\frac{\partial p}{\partial x}\right)\bullet z+u_1\right]\mathrm{d}z\right\} \\ &+\frac{\partial}{\partial x}\left\{\rho\int_0^H\left[\frac{1}{2\mu}\frac{\partial p}{\partial y}\bullet z^2+\left(\frac{v_2-v_1}{H}-\frac{H}{2\eta}\frac{\partial p}{\partial y}\right)\bullet z+v_1\right]\mathrm{d}z\right\}=0 \end{aligned} \tag{2.54}$$

将上式在 z 方向积分并整理得

$$\begin{aligned} &\frac{\partial}{\partial t}(\rho H)-\frac{\partial}{\partial x}\left(\frac{\rho H^3}{12\mu}\frac{\partial p}{\partial x}\right)+\frac{\partial}{\partial x}\left(\frac{u_2+u_1}{2}pH\right) \\ &-\frac{\partial}{\partial y}\left(\frac{\rho H^3}{12\mu}\frac{\partial p}{\partial y}\right)+\frac{\partial}{\partial y}\left(\frac{v_2+v_1}{2}pH\right)=0 \end{aligned} \tag{2.55}$$

把常数项 μ 从偏微分号中提出，并在等式两边同乘以 12μ，则有

$$\begin{aligned} &\frac{\partial}{\partial x}\left(\rho H^3\frac{\partial p}{\partial x}\right)+\frac{\partial}{\partial y}\left(\rho H^3\frac{\partial p}{\partial y}\right) \\ &=12\mu\frac{\partial}{\partial t}(\rho H)+6\mu\left[(u_1+u_2)\frac{\partial(\rho H)}{\partial x}+(v_1+v_2)\frac{\partial(\rho H)}{\partial y}\right] \end{aligned} \tag{2.56}$$

将式(2.40)代入式(2.56)可以得到：

$$\begin{aligned} &\frac{\partial}{\partial x}\left(pH^3\frac{\partial p}{\partial x}\right)+\frac{\partial}{\partial y}\left(pH^3\frac{\partial p}{\partial y}\right) \\ &=12\mu\frac{\partial}{\partial t}(pH)+6\mu\left[(u_1+u_2)\frac{\partial(pH)}{\partial x}+(v_1+v_2)\frac{\partial(pH)}{\partial y}\right] \end{aligned} \tag{2.57}$$

以上各式中，H 为广义气膜厚度，mm；$H=h+\delta_i g\delta$，δ_i 是 Kronecker delta 函数；μ 为气体黏度，Pa·s；u_1、u_2、v_1、v_2 分别为在 x、y 方向的运动速度，m/s。

2.3.2 开式砂带轮系布局设计与分析

开式砂带磨削过程中，砂带运行时，它的动力来自驱动轮外缘表面与其接触部分的摩擦力，即驱动轮的有效圆周力。为此，砂带必须像平皮带传动一样需要有一定的初张力，使之紧贴驱动轮轮缘表面。同时为了防止砂带在运行中出现跑偏、皱折等现象，保证砂带沿其宽度方向均匀受力，砂带传动中，各传动轮大多采用轴平行结构，少数场合使用交叉轴传动时，各轮面及轴线都必须注意对称分布。同时，在所有传动轮中，必须有1～2个轮子外圆轴截面为适当的中凸形。这是保持皮带稳定传动的必要条件。由于砂带自身质量轻且柔软性大，弯曲抗力小，因而它也有与平皮带传动同样高的传动效率，甚至更高，且动力损失小等，这同时也是砂带磨削功率利用率高的原因之一。

因此，轮系的设计对砂带磨削的跑带、张紧力控制、包角控制等影响巨大，从而直接影响开式砂带磨削的实现。如图2.18所示为开式砂带磨削磨头及轮系结构，其中轮系包含了储带轮、卷带轮、过渡轮、张紧轮、跑带修正轮、换向轮、包角修正轮和接触轮等。

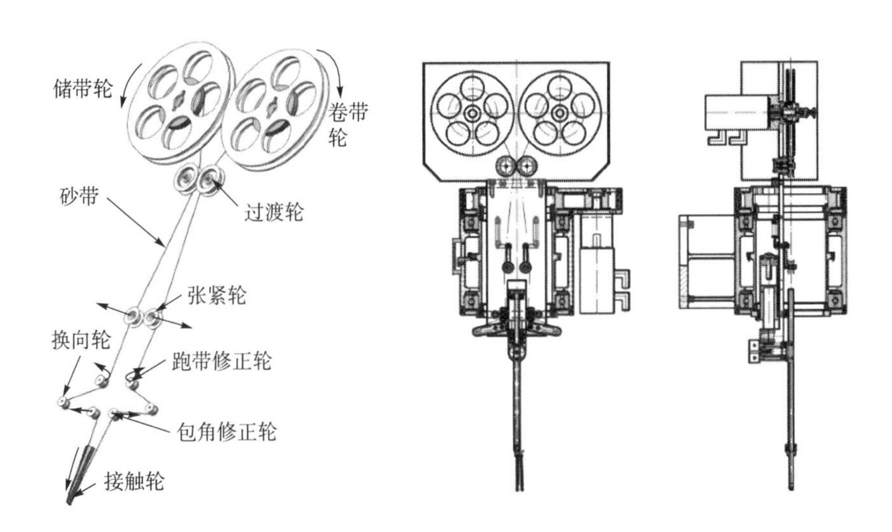

图2.18 开式砂带磨削磨头及轮系结构

根据开式砂带磨削磨头及轮系结构，建立了如图2.19所示的轮系动态分析运动模型[152]。

根据线性方程可以得到轮系自由运动的谐波方程：

$$\chi_t = \tilde{\chi}_t \cos(\omega t),\quad \chi_i = \tilde{\chi}_i \cos(\omega t),\ i=1,\ 2,\ \cdots,\ n$$

式中，ω是固有频率；$\chi_t = L\theta_t$，$\chi_i = L\theta_i$，均是自由端位移。

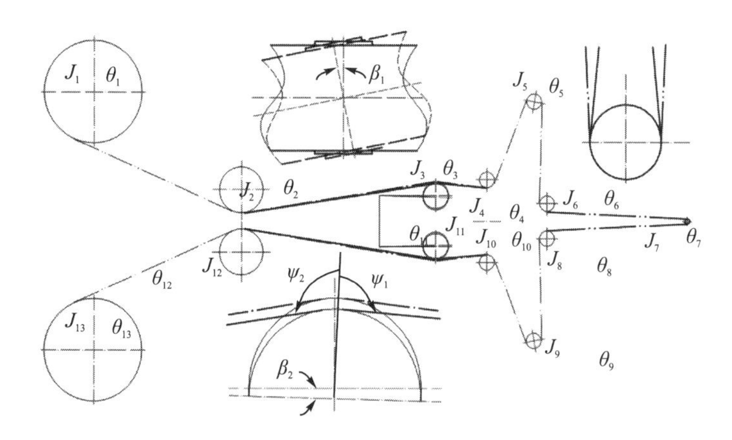

图 2.19　轮系动态分析运动模型

根据 Sack[153]和 Wickert 和 Mote[154]的研究可以得到：

$$w_{j-1}(x,t)=\frac{-\tilde{\chi}_t\sin\psi_1}{\sin(\omega l_{j-1}/c'_{j-1})}\sin(\frac{\omega x}{c'_{j-1}})\cos(\omega t+\frac{\omega x-\omega l_{j-1}}{v'_{j-1}}) \tag{2.58}$$

$$w_j(x,t)=\frac{\tilde{\chi}_t\sin\psi_2}{\sin(\omega l_j/c'_j)}\sin(\frac{\omega x-\omega l_j}{c'_j})\cos(\omega t+\frac{\omega x}{v'_j}) \tag{2.59}$$

式中，c'_i 和 v'_i 分别为有效波速和相速度，可以根据如下等式进行计算：

$$c'_i=\frac{v_i^2-c^2}{v_i},\quad v'_i=\frac{v_i^2-c^2}{c}$$

式中，$v_i=\sqrt{\dfrac{p_{0i}}{m}}$。

根据式(2.58)和式(2.59)，可以得到：

$$(K_{\mathrm{D}}-\omega M_{\mathrm{D}})X=0 \tag{2.60}$$

式中：

$$K_{\mathrm{D}}=\begin{bmatrix}K_{\mathrm{d}} & h\\ h^{\mathrm{T}} & K_t\end{bmatrix},\quad M_{\mathrm{D}}=\begin{bmatrix}M_{\mathrm{d}} & 0\\ 0 & m_t\end{bmatrix}$$

其中：

$$K_{\mathrm{d}}=\begin{bmatrix}k_1+k_n & -k_1 & \cdots & 0 & -k_n\\ & k_1+k_2 & \cdots & 0 & 0\\ & & \ddots & \vdots & \vdots\\ & & & k_{n-2}+k_{n-1} & -k_{n-1}\\ & & & & k_{n-1}+k_n\end{bmatrix}$$

$$M_{\mathrm{d}}=\begin{bmatrix} m_1 & 0 & 0 & \cdots & 0 & 0 \\ 0 & m_2 & 0 & \cdots & 0 & 0 \\ 0 & 0 & m_3 & \cdots & 0 & 0 \\ \vdots & \vdots & \vdots & & \vdots & \vdots \\ 0 & 0 & 0 & \cdots & m_{n-1} & 0 \\ 0 & 0 & 0 & \cdots & 0 & m_n \end{bmatrix},\quad h=\begin{bmatrix} 0 \\ \vdots \\ k_{j-1}\cos\psi_1 \\ -k_{j-1}\cos\psi_1+k_j\cos\psi_2 \\ -k_j\cos\psi_2 \\ \vdots \\ 0 \end{bmatrix}$$

$$K_t=p_{t(j-1)}\sin^2\psi_1\cot\left(\frac{\omega l_{j-1}}{c'_{j-1}}\right)\frac{\omega}{c'_{j-1}}+p_{tj}\sin^2\psi_2\cot\left(\frac{\omega l_j}{c'_j}\right)\frac{\omega}{c'_j}$$
$$+k_{j-1}\cos^2\psi_1+k_j\cos^2\psi_2+k_s+k_{\mathrm{gr}}$$

$$m_t=J_t/L^2+\hat{m}_j$$

$$k_{\mathrm{gr}}=\frac{p_{t(j-1)}\sin\psi_1-p_{tj}\sin\psi_2}{L}$$

根据式(2.60)，令模态向量为φ_{k}，可以得到：

$$(K_{\mathrm{D}}-\omega_{\mathrm{k}}^2M_{\mathrm{D}})\varphi_{\mathrm{k}}=0 \tag{2.61}$$

式(2.61)对设计变量p_{m}进行求导，可以得到：

$$\varphi_{\mathrm{k}}^{\mathrm{T}}\frac{\partial K_{\mathrm{D}}}{\partial p_{\mathrm{m}}}\varphi_{\mathrm{k}}-2\omega_{\mathrm{k}}\frac{\partial\omega_{\mathrm{k}}}{\partial p_{\mathrm{m}}}\varphi_{\mathrm{k}}^{\mathrm{T}}M_{\mathrm{D}}\varphi_{\mathrm{k}}-\omega_{\mathrm{k}}^2\varphi_{\mathrm{k}}^{\mathrm{T}}\frac{\partial M_{\mathrm{D}}}{\partial p_{\mathrm{m}}}\varphi_{\mathrm{k}}=0 \tag{2.62}$$

将向量φ_{k}分成$\varphi_{\mathrm{k}}^{\mathrm{T}}=\begin{bmatrix}\varphi_{\mathrm{k1}}^{\mathrm{T}} & \varphi_{\mathrm{k2}}^{\mathrm{T}}\end{bmatrix}$，其中，$\varphi_{\mathrm{k1}}=\begin{bmatrix}\hat{\chi}_{\mathrm{r1}} & \hat{\chi}_{\mathrm{r2}} & \cdots & \hat{\chi}_{\mathrm{r}n}\end{bmatrix}^{\mathrm{T}}$，$\varphi_{\mathrm{k2}}=\hat{\chi}_{\mathrm{r}t}$，$t$=1，2，…，$n$，根据式(2.62)可以得到：

$$\varphi_{\mathrm{k}}^{\mathrm{T}}\frac{\partial K_{\mathrm{D}}}{\partial p_{\mathrm{m}}}\varphi_{\mathrm{k}}=\varphi_{\mathrm{k1}}^{\mathrm{T}}\frac{\partial K_{\mathrm{d}}}{\partial p_{\mathrm{m}}}\varphi_{\mathrm{k1}}+2\varphi_{\mathrm{k1}}^{\mathrm{T}}\frac{\partial h}{\partial p_{\mathrm{m}}}\varphi_{\mathrm{k2}}+\varphi_{\mathrm{k2}}^{\mathrm{T}}\frac{\partial K_t}{\partial p_{\mathrm{m}}}\varphi_{\mathrm{k2}} \tag{2.63}$$

根据上面的分析可以看出K_t与ω_{k}和p_{m}有关系，可以表示为$K_t=G(\omega_{\mathrm{k}},p_{\mathrm{m}})$，由此可以得到：

$$\frac{\partial K_t}{\partial p_{\mathrm{m}}}=\frac{\partial G}{\partial\omega_{\mathrm{k}}}\frac{\partial\omega_{\mathrm{k}}}{\partial p_{\mathrm{m}}}+\frac{\partial G}{\partial p_{\mathrm{m}}} \tag{2.64}$$

将式(2.64)代入式(2.63)和式(2.62)，可以得到：

$$\frac{\partial\omega_{\mathrm{k}}}{\partial p_{\mathrm{m}}}=\frac{\varphi_{\mathrm{k1}}^{\mathrm{T}}\dfrac{\partial K_{\mathrm{d}}}{\partial p_{\mathrm{m}}}\varphi_{\mathrm{k1}}+2\varphi_{\mathrm{k1}}^{\mathrm{T}}\dfrac{\partial h}{\partial p_{\mathrm{m}}}\varphi_{\mathrm{k2}}+\varphi_{\mathrm{k2}}^{\mathrm{T}}\dfrac{\partial G}{\partial p_{\mathrm{m}}}\varphi_{\mathrm{k2}}-\omega_{\mathrm{k}}^2\varphi_{\mathrm{k}}^{\mathrm{T}}\dfrac{\partial M_D}{\partial p_{\mathrm{m}}}\varphi_{\mathrm{k}}}{2\omega_{\mathrm{k}}\varphi_{\mathrm{k}}^{\mathrm{T}}M_D\varphi_{\mathrm{k}}-\varphi_{\mathrm{k2}}^{\mathrm{T}}\dfrac{\partial G}{\partial\omega_{\mathrm{k}}}\varphi_{\mathrm{k2}}} \tag{2.65}$$

将相位角与转角θ_{a}代入式(2.65)，可以得到：

$$\frac{\partial\omega_{\mathrm{k}}}{\partial\theta_{\mathrm{a}}}=\frac{\varphi_{\mathrm{k1}}^{\mathrm{T}}(\partial K_{\mathrm{d}}/\partial\theta_{\mathrm{a}})\varphi_{\mathrm{k1}}+2\varphi_{\mathrm{k1}}^{\mathrm{T}}(\partial h/\partial\theta_{\mathrm{a}})\varphi_{\mathrm{k2}}+\varphi_{\mathrm{k2}}^{\mathrm{T}}(\partial G/\partial\theta_{\mathrm{a}})\varphi_{\mathrm{k2}}}{2\omega_{\mathrm{k}}\varphi_{\mathrm{k}}^{\mathrm{T}}M_{\mathrm{D}}\varphi_{\mathrm{k}}-\varphi_{\mathrm{k2}}^{\mathrm{T}}\dfrac{\partial G}{\partial\omega_{\mathrm{k}}}\varphi_{\mathrm{k2}}} \tag{2.66}$$

2.3.3　开式砂带精密磨削新型磨头调试

根据上文对开式砂带磨削方法的研究，建立了如图2.20所示的开式砂带磨削新型磨头实验平台。

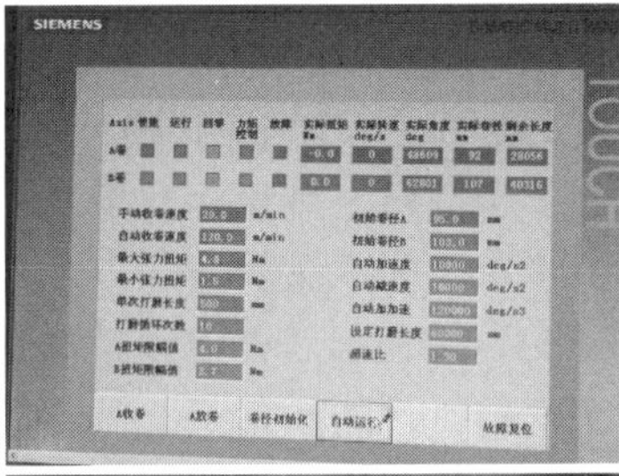

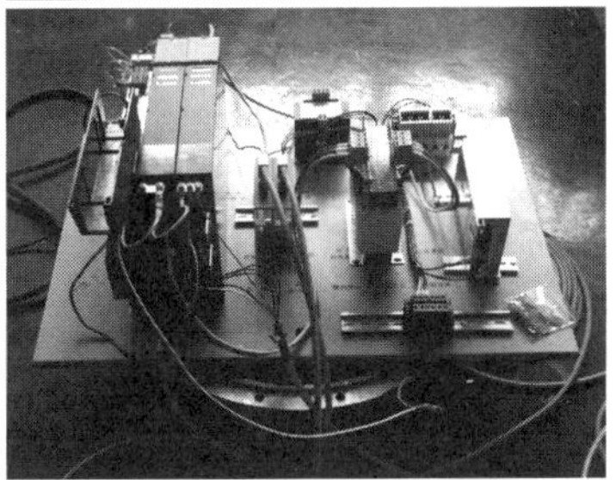

图2.20　开式砂带磨削磨头调试实验平台

在开式砂带磨削新型磨头实验平台中，通过西门子D425系统控制两个伺服电机往复同步复合运动，从而带动卷带轮和储带轮的正转和反转，最终实现砂带的往复运动和自动更新。根据对两个伺服电机的控制要求，通过SIMOTION SCOUT V4.4建立电机的控制模型，并通过WinCC flexible建立了开式砂带磨削新磨头调试程序。具体的开式砂带磨削实验平台关键电气元件清单如表2.2所示。

表2.2　开式砂带磨削实验平台关键电气元件清单

序号	名称	型号规格	数量	生产厂家	国别
1	D425控制器	6AU1425-2AA00-0AA0	1	Siemens	德国
2	伺服电机	1FK7042-2AF21-1CB0	2	Siemens	德国
3	驱动器电源模块	6SL3130-6AE15-0AB0	1	Siemens	德国
4	S120电机驱动器	6SL3120-2TE13-0AA3	1	Siemens	德国
5	电抗器	6SL3000-0CE21-0AA0	1	Siemens	德国
6	SMC 20编程器接口模块	6SL3055-0AA00-5BA3	2	Siemens	德国

在开式砂带磨削新磨头调试中，根据实际情况，可以提前设定好一些参数，如初始卷径 A、初始卷径 B 和卷带长度。当满足磨削要求的自动收放卷速度时，可以通过调整最大张力扭矩和最小张力扭转、A 扭矩限幅值和 B 扭矩限幅值、自动加速度和自动减速度的值的大小来保证储带轮和卷带轮运动平稳以及砂带磨削的恒定张力。

2.3.4 本章小结

首先运用砂带磨削单颗粒模型结合能量方程从理论上建立了砂带磨削磨损方程，同时采用单因素实验研究方法分析了钛合金、高温镍基合金、镍铜合金和不锈钢材料的砂带磨削过程中砂带磨损对材料去除和表面质量的影响规律，进而提出了基于切削优化的新型开式砂带高效磨削的运动原理。介绍了阿基米德螺旋线原理，并基于该原理对开式砂带更新磨削运动进行了分析，进而提出了面向张力精确控制策略的开式砂带更新运动双电机同步控制方程，同时根据新方法运动特性详细阐述了曲率往复更新并行复合磨削和曲率往复更新串行复合磨削两种方式。最后通过采用二次静压气浮的原理设计了耐磨损自冷却开式砂带磨削磨具系统，同时对轮系的布局设计进行了分析，并通过现场调试完成了基于新型磨削运动方法的开式砂带磨头的研制。

第3章　钛合金开式砂带高效去除及参数化模型

为了提高整体叶盘在复杂环境下的使用寿命，整体叶盘通常采用钛合金材料，但是由于钛合金材料具有化学性质活泼、强度高、韧性大等特性，在常规磨削过程中磨屑不易分离、磨削力增大，容易造成磨具磨损，发生磨屑黏附，在磨削表面层形成较大的热应力，造成工件的局部烧伤和变形等。具有冷态磨削特点的砂带磨削有利于提高钛合金磨削效率和表面质量[155-160]。但是由于砂带磨削的柔性特性而导致工件与砂带在一定的压力下发生弹性变形，这将严重影响材料去除精度和零件表面质量。因此，研究柔性接触状态下的钛合金材料精密磨削参数化模型是实现整体叶盘精密磨削的关键。本章通过面向砂带磨削全生命周期的材料去除理论模型、基于正交实验的钛合金材料砂带磨削参数化回归模型、磨削影响因素对钛合金材料去除规律及其模型精度分析等研究，掌握钛合金材料的开式砂带高效精密去除机理，建立精密去除数学模型，提高整体叶盘磨削效率以及型面精度。

3.1　面向砂带磨削全生命周期的材料去除理论模型

传统的金属切削过程中，可以通过刀具和工件的几何外形定量计算出加工过程中的材料去除量。由于砂带上的磨粒形状大小不均匀且分布相当杂乱，砂带磨削也被认为是具有不确定切削刃、众多磨粒共同刮擦作用的结果。另外，接触轮弹性的变形也会引起砂带与工件之间接触力产生较大的变化。因此，目前，砂带磨削的材料精密去除往往基于经验。根据上文所研究的材料去除随砂带磨损的影响规律可以看出，砂带磨削全生命周期的材料去除属于分段函数，典型的砂带磨削材料去除规律如图 3.1 所示。

如图 3.1 所示，T 为磨削周期，t_{max} 为材料去除最大值时间，t_{min} 为材料去除最小值时间，t_0 为材料去除稳定期开始时间，t_1 为材料去除稳定期结束时间。为了准确表征，这里设定有效磨削时间 $t_E=t_{min}-t_{max}$，稳定磨削时间 $t_S=t_1-t_0$。

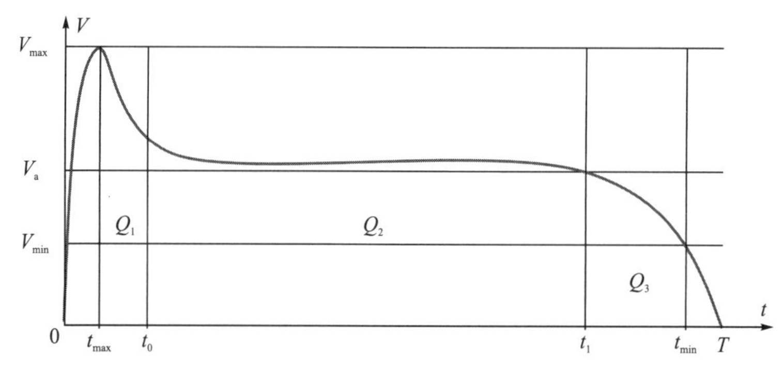

图 3.1 砂带磨削材料去除规律

从图 3.1 可以看出，砂带磨削时间在 0～t_0时，砂带磨削材料去除曲线近似于正态分布曲线，这主要是由于砂带磨削开始阶段磨料分布不均匀且磨粒锋锐，在t_{max}时出现磨削材料去除最高点，此阶段的材料去除总量为 Q_1；砂带磨削时间在t_0～t_1时，砂带磨削处于稳定期，是目前砂带磨削工程应用阶段，也是目前能预测的主要阶段，此阶段的材料去除总量为 Q_2；砂带磨削时间在 t_1～T 为砂带磨削急剧磨损阶段，该阶段类似于抛物线，当时间达到 t_{min} 时，砂带磨削表面粗糙度急剧恶化，此阶段的材料去除总量为 Q_3。

因此，可以得到新型砂带研磨方法的材料去除特性曲线，如图 3.2 所示。可以看出，传统的砂带磨削在一个周期 T 以后砂带已经失效，但是新型砂带研磨方法在砂带即将过稳定期的时候变换运动方向，此时的稳定磨削量由V_S^1减小为V_S^2，当循环运动 N 次以后$V_S^N=V_{min}$，此时砂带才完全失效，磨削周期由 T 增加为 T'。通过砂带研磨的整个运动周期可以看出，在砂带的不断换向过程中，虽然材料去除率会逐渐降低，但是其有效磨削时间由t_E 增加为t_E'，稳定期的高效磨削时间由

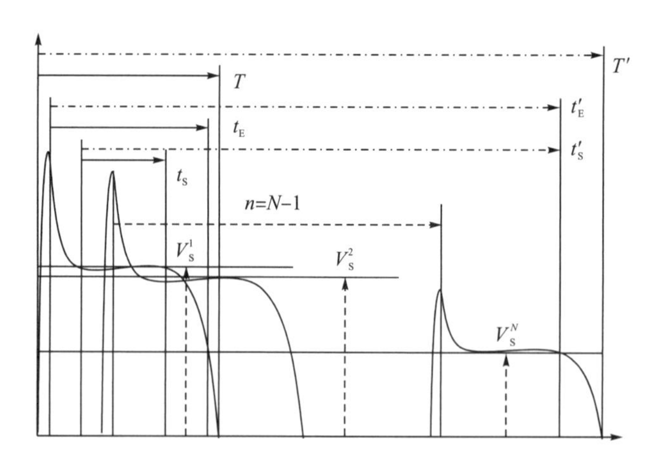

图 3.2 砂带研磨材料去除规律

t_S 增加为 t'_S，明显增加了稳定期的高效磨削时间和有效磨削时间。可以看出新型砂带研磨加工对于提高材料去除效率和保证型面精度具有重要影响。

通过以上的分析，根据常规砂带磨削全生命周期的材料去除规律，可以得到开式砂带精密磨削全生命周期的材料去除率参数化磨削方程：

$$V=\begin{cases} V_1=\dfrac{V_{\max}}{\sqrt{2\pi}\sigma}\mathrm{e}^{-\frac{(t-\mu)^2}{2\sigma^2}}, nT\leqslant t\leqslant t_0+nT \\ V_2=\mathrm{GP}\cdot\mathrm{GC}\cdot\mathrm{WTN}, t_0+nT<t\leqslant t_1+nT, n=1,2,\cdots,N \\ V_3=-at^2+bt+c, t_1+nT<t\leqslant(n+1)T \end{cases} \tag{3.1}$$

其中：

$$\mathrm{GP}=K_1 v_{\mathrm{s}}^{\lambda_1} P^{\lambda_2} v_{\mathrm{w}}^{\lambda_3} F_{\mathrm{t}}^{\lambda_4}$$

$$\mathrm{GC}=K_2 \mathrm{GM}^{\lambda_5} H^{\lambda_6} \mathrm{CC}^{\lambda_7}$$

$$\mathrm{WTN}=K_3 f^{\lambda_8} N^{\lambda_9}$$

即

$$V_2=\mathrm{GP}\cdot\mathrm{GC}\cdot\mathrm{WTN}=K v_{\mathrm{s}}^{\lambda_1} P^{\lambda_2} v_{\mathrm{w}}^{\lambda_3} F_{\mathrm{t}}^{\lambda_4} \mathrm{GM}^{\lambda_5} H^{\lambda_6} \mathrm{CC}^{\lambda_7} f^{\lambda_8} N^{\lambda_9} \tag{3.2}$$

其中，

$$K=K_1K_2K_3$$

式中，K_1、K_2、K_3 为补偿系数；λ_1、λ_2、λ_3、λ_4、λ_5、λ_6、λ_7、λ_8、λ_9 为修正系数；GP 为磨削工艺参数，本章考虑了包含砂带线速度 v_s，磨削压力 P，磨削进给速度 v_w 以及磨削张力 F_t；GC 为磨削条件，本章中主要考虑了砂带磨粒材料 GM、接触轮硬度 H 以及冷却条件 CC；WTN 为更新运动，本章考虑了运动频率 f 和运动次数 N。

考虑到砂带磨削材料去除曲线的连续性，在 t_0 时刻，$V_1=V_2$，设定 $\mu=t_{\max}$，$\sigma=\xi t_{\max}$，其中 ξ 主要与磨料与材料的交互特性有关，反映了砂带进入稳定期的快慢程度，材料越容易去除 ξ 就越小，砂带磨削越容易进入稳定期，反之亦然。根据式(3.1)，可以得到砂带磨削的最大值 $V_{\max}$：

$$V_{\max}=\sqrt{2\pi}\xi t_{\max}\cdot\mathrm{e}^{\frac{(t_0-t_{\max})^2}{2\xi^2 t_{\max}^2}}\cdot\mathrm{GP}\cdot\mathrm{GC}\cdot\mathrm{WTN} \tag{3.3}$$

由此可以看出，砂带磨削材料去除的最大值主要与材料去除稳定时期的磨削工艺参数值有关，因此合理地选择工艺参数，可以增大砂带磨削最大值，从而提高砂带使用寿命。通常情况下，当砂带磨削材料去除率变为材料去除率最大值的 1/3 的时候，就认为该砂带已经失去了切削能力，因此根据式(3.3)可以得到砂带磨削最小值 $V_{\min}$：

$$V_{\min}=\frac{1}{3}V_{\max}=\frac{1}{3}\sqrt{2\pi}\xi t_{\max}\cdot\mathrm{e}^{\frac{(t_0-t_{\max})^2}{2\xi^2 t_{\max}^2}}\cdot\mathrm{GP}\cdot\mathrm{GC}\cdot\mathrm{WTN} \tag{3.4}$$

当 $t=t_{\max}$ 时，$V_1=V_{\max}$；当 $t=t_1$ 时，$V_2=V_3$；当 $t=t_{\min}$ 时，$V_3=V_{\min}$；当 $t=T$ 时，

V_3=0。于是式(3.1)可以写成：

$$\begin{cases} -at_1^2+bt_1+c=\mathrm{GP}\cdot\mathrm{GC}\cdot\mathrm{WTN} \\ -at_{\min}^2+bt_{\min}+c=\dfrac{1}{3}\sqrt{2\pi}\xi t_{\max}\cdot \mathrm{e}^{\frac{(t_0-t_{\max})^2}{2\xi^2 t_{\max}^2}}\cdot\mathrm{GP}\cdot\mathrm{GC}\cdot\mathrm{WTN} \\ -aT^2+bT+c=0 \end{cases}$$

由此可以得到：

$$\begin{cases} a=\mathrm{GP}\cdot\mathrm{GC}\cdot\mathrm{WTN}\cdot\left[\dfrac{\frac{1}{3}T^4\sqrt{2\pi}\xi t_{\max}\cdot \mathrm{e}^{\frac{(t_0-t_{\max})^2}{2\xi^2 t_{\max}^2}}(t_1-T)+T^3(1-t_{\min}T)}{(t_1T^2-t_1^2T)(T^2-t_{\min}^2)-(t_{\min}T^2-t_{\min}^2T)(T^2-t_1^2)}\right] \\ b=\mathrm{GP}\cdot\mathrm{GC}\cdot\mathrm{WTN}\cdot\left[\dfrac{T^2(T^2-t_{\min}^2)-\frac{1}{3}(T^2-t_1^2)T^4\sqrt{2\pi}\xi t_{\max}\cdot \mathrm{e}^{\frac{(t_0-t_{\max})^2}{2\xi^2 t_{\max}^2}}}{(t_1T^2-t_1^2T)(T^2-t_{\min}^2)-(t_{\min}T^2-t_{\min}^2T)(T^2-t_1^2)}\right] \\ c=\mathrm{GP}\cdot\mathrm{GC}\cdot\mathrm{WTN}\cdot\left[\dfrac{\frac{1}{3}(t_1T^2-t_1^2T)T^2\sqrt{2\pi}\xi t_{\max}\cdot \mathrm{e}^{\frac{(t_0-t_{\max})^2}{2\xi^2 t_{\max}^2}}-T^2(t_{\min}T^2-t_{\min}^2T)}{(t_1T^2-t_1^2T)(T^2-t_{\min}^2)-(t_{\min}T^2-t_{\min}^2T)(T^2-t_1^2)}\right] \end{cases} \tag{3.5}$$

将式(3.2)、式(3.3)和式(3.5)代入式(3.1)就可以得到砂带磨削整个周期的材料去除率。由于材料去除量是材料去除率关于时间的函数，因此可以得到砂带磨削整个周期的材料去除量：

$$Q=\begin{cases} Q_1=\int_0^{t_0}V_1\mathrm{d}t \\ Q_2=\int_{t_0}^{t_1}V_2\mathrm{d}t \\ Q_3=\int_{t_1}^{T}V_3\mathrm{d}t \end{cases} \tag{3.6}$$

而整个周期内，总的材料去除总量为

$$Q=Q_1+Q_2+Q_3$$

至此，已经完成了砂带磨削整个周期材料去除率以及材料去除量的计算。通过上述等式的推导及分析可以看出，要得到整个周期的材料去除率，必须掌握砂带磨削的基本规律，得到砂带磨削稳定时期的材料去除率与工艺参数的影响关系，从而才能得到整个砂带磨削材料去除率的精确值。

3.2 基于正交实验的钛合金材料砂带磨削参数化回归模型

3.2.1 正交实验参数化磨削实验装置及实验方法

研究材料磨削去除量的试验方法通常有两种：单一因素法和多因素法。单一因素法对第一个因素的起点依赖性很大，多因素组合试验是将多个需要考察的因素通过数理统计原理组合在一起同时试验，而不是一次只变动一个因素，因而有利于揭示各因素间的交互作用，并且多因素正交试验可以减少试验次数，其正交实验规划表如表 3.1 所示。

表 3.1 钛合金开式砂带磨削正交实验因素水平表

水平	A	B	C	D	E	F	G	H	I
1	1.0	2	0.6	0.2	3M 氧化铝	35	空冷	20	1
2	2.0	6	0.8	0.6	3M 金刚石	45	油冷	40	2
3	3.0	10	1.0	0.8	Grish 氧化铝	55	水冷	60	4
4	4.0	14	1.2	1.0	Grish 金刚石	65	临界 CO_2	80	8

本实验采用 9 因素 4 水平的正交试验方法，分析新型运动开式砂带磨削过程中开式砂带磨削线速度(A，m/s)、轴向力(B，N)、进给速度(C，m/min)、张力(D，N)、砂带磨粒材料(E)、接触轮硬度(F，HA)、冷却条件(G)、曲率往复更新运动频率(H，Hz)和曲率往复运动周期次数(I)等工艺参数、磨具参数以及曲率往复运动参数对钛合金材料的材料去除的影响规律，得到钛合金材料开式砂带磨削的最优组合，建立钛合金材料的新型运动开式砂带磨削参数化数学模型，为钛合金整体叶盘的砂带磨削工艺的制定提供实验及理论基础。

本章所展开的钛合金开式砂带磨削实验是将研制的新型砂带磨头安装在自行研发的六轴联动高精度数控砂带磨床上进行的。该机床包括床身、磨头、立柱、导轨、新型砂带磨头等，机床的运动轴设计定义为：与磨头垂直、沿被加工工件长度方向的运动轴为 X 轴，与磨头垂直沿被加工叶片宽度方向的运动轴为 Y 轴，与磨头平行的上下运动轴为 Z 轴；工件绕 X 轴回转为 A 轴，磨头摆动转轴绕 Y 轴(磨头倾斜)为 B 轴，围绕 Z 轴旋转的轴(磨头扭转)为 C 轴。各坐标轴自带线位移传感器和角度传感器，可反馈磨削点位置信息给数控系统以实现磨削加工的闭环控制，如图 3.3(a)所示。

试验选用材料是某航空公司提供的整体叶盘钛合金棒材和板材，如图 3.3(b)、(c)所示。对于钛合金棒材砂带磨削实验，接触轮半径为 10mm，磨头运动方向沿着接触轮切线方向运动；对于钛合金板材砂带磨削实验，接触轮半径为 6mm，磨头运动方向沿着接触轮轴线方向运动。钛合金材料具有比重轻(仅为钢的 59%)、比强度高，较好的热强性和低温韧性，优良的耐腐蚀性能等特点。因而在很大的范围内，低温可取代铝合金，高温可取代耐热不锈钢，适合于在 600℃以下长期工作的叶片。钛合金按其退火组织分，具有三种类型：α 钛合金、α+β 钛合金、β 钛合金。航空发动机叶片常用钛合金主要是 α 或近 α 钛合金和 α+β 钛合金。其化学成分见表 3.2，力学性能见表 3.3。可以看出，TC4 钛合金的硬度指标和塑性指标属于易磨削范围，但是由于抗拉强度和韧性的指标较高，磨削过程磨削力大，磨削温度高。同时，由于钛合金的导热系数低，热量不易散发，使磨削区温度剧增，引起黏附和冷硬现象。

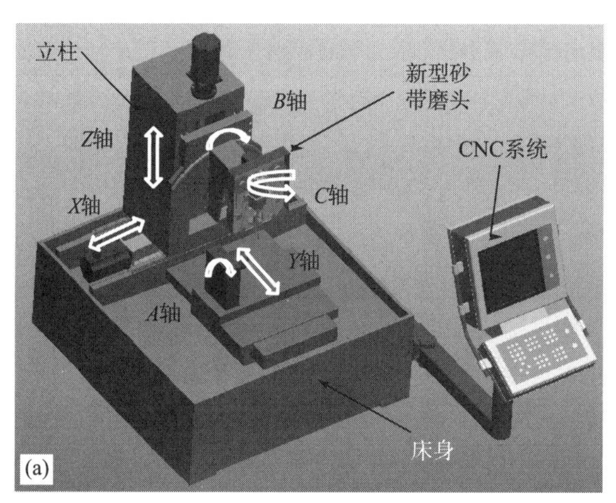

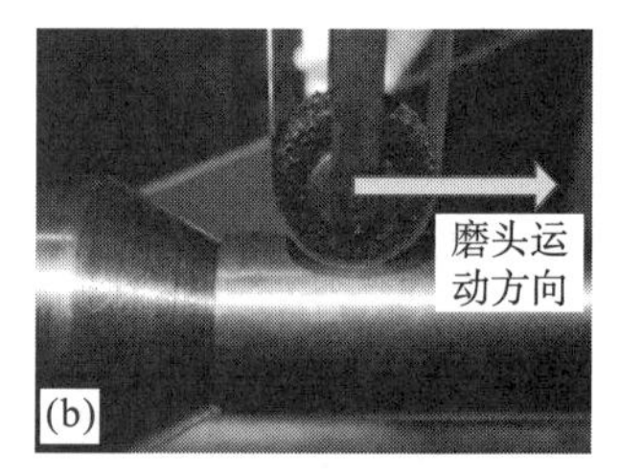

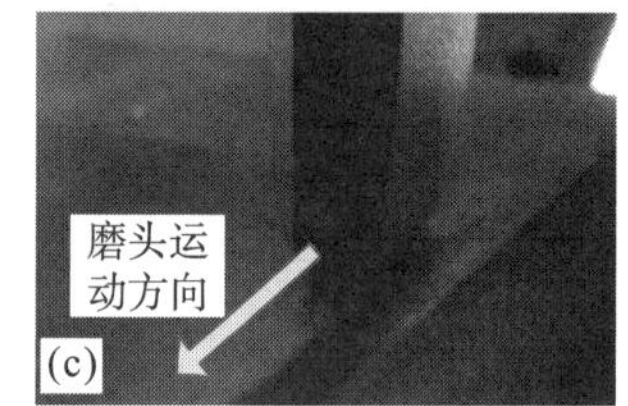

图 3.3 钛合金开式砂带磨削实验装置

表 3.2 TC4 钛合金化学成分

合金牌号	Al	V	Fe	Si	C	N	H	O	其他
TC4	5.5%～6.8%	3.5%～4.5%	≤0.30%	≤0.15%	≤0.10%	≤0.05%	≤0.01%	≤0.20%	≤0.40%

表 3.3 TC4 钛合金力学性能

合金牌号	硬度	抗拉强度/MPa	伸长率/%	冲击韧性/(J/cm^2)	热导率/[J/(cm·s·℃)]
TC4	320～360	932	10	39.24	0.068

由于开式砂带单次磨削余量很小，用常规检测方法难以检测，因此本实验中采用海克斯康的三坐标测量仪器（仪器编号 Global silver 05.07.05）和雷尼绍蓝光测量仪器（仪器编号）对型面进行测量（图 3.4），再根据获得的型面特征进行分析，通过图形分析方法结合数据综合分析得到开式砂带磨削的去除量，如图 3.5 所示。

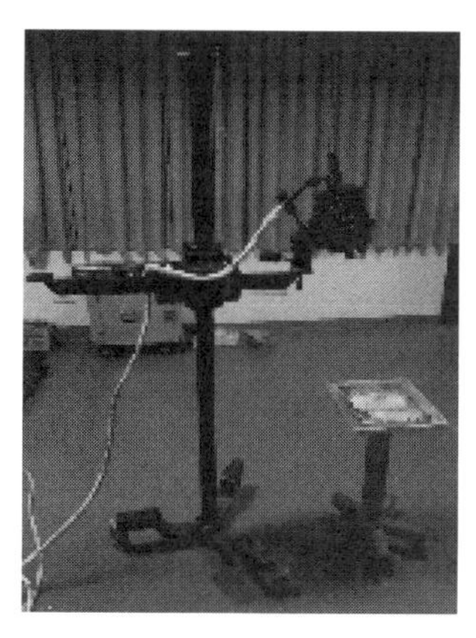
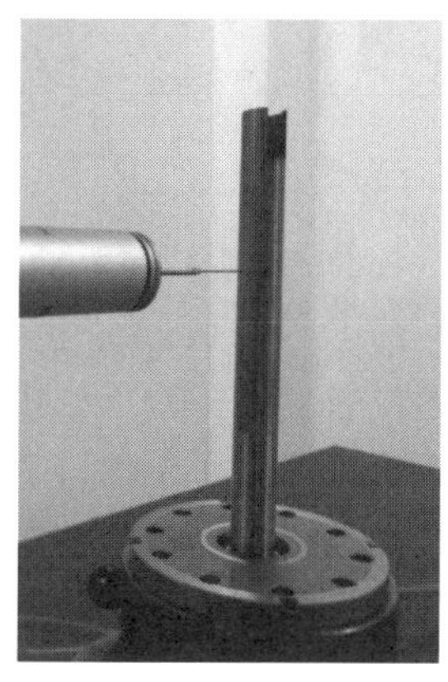

图 3.4　材料微量磨削精密检测装置

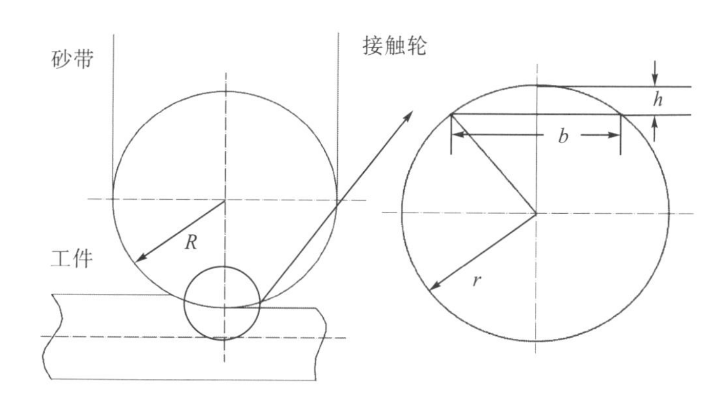

图 3.5　圆柱微量磨削当量深度计算模型

可以通过数据测量得到宽度 b，由此可以得到材料去除厚度 h 和面积 S_{Q_i}：

$$h = r - \sqrt{r^2 - \frac{1}{4}b^2} \tag{3.7}$$

$$S_{Q_i} = r^2 \arcsin\frac{b_i}{2r} - \frac{1}{2}b_i\sqrt{r^2 - \frac{1}{4}b_i^2} \tag{3.8}$$

将上述面积等化成一个矩形，这里拟定矩形的高度为当量磨削高度 h_e，由此可以得到：

$$h_{\mathrm{e}}=r^2\arcsin\frac{1}{2r}-\frac{1}{2}\sqrt{r^2-\frac{1}{4}b^2} \tag{3.9}$$

由此可以得到材料去除量 Q：

$$Q=(r^2\arcsin\frac{b}{2r}-\frac{1}{2}b\sqrt{r^2-\frac{1}{4}b^2})l$$

$$v_Q=\left(r^2\arcsin\frac{b}{2r}-\frac{1}{2}b\sqrt{r^2-\frac{1}{4}b^2}\right)v_{\mathrm{p}} \tag{3.10}$$

式中，v_Q 为材料去除率；v_{p} 为进给速度。

试验所用的新型砂带磨头如图 3.6 所示。通过研磨带缠绕在放卷轮、收卷轮、接触轮及中间过渡轮系上，在这些轮系的共同作用下，研磨带能够产生一定速率的磨削运动，并具有自动更新的功能和特点。改变接触轮的运动轨迹，使之与工件表面接触，在加工时，通过伺服电机 SP1 与 SP2 的驱动控制，可以改变收、放卷轮的角色，即在某一时刻收卷轮收研磨带、放卷轮放研磨带，而另一时刻收卷轮放研磨带而放卷轮收研磨带，从而使研磨带左右两侧的长度也交替增减，这样就可使研磨带两侧张紧长度产生周期性的变化，使得接触轮在研磨带的带动下不断周期性往复转动。该过程对于接触轮下方绕过的研磨带来说是一个以一定频率不断反复摆动的过程，而对于被加工工件表面来说，伺服电机的往复旋转表现为对被加工工件表面以一定频率不断反复的磨削运动。

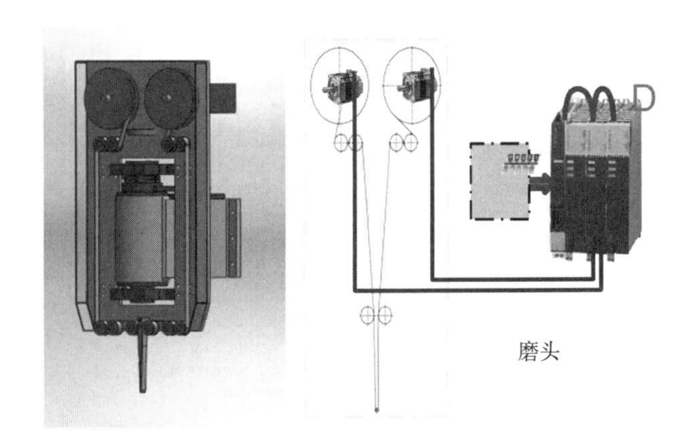

图 3.6　新型开式砂带磨削磨头

本试验采用的砂带包含了 3M 公司的氧化铝砂带(372L)和金刚石砂带(661X)，北京国瑞升科技股份有限公司(Grish)的氧化铝(EW)和金刚石砂带(D)。由于在实际磨削过程中 3M 砂带比 Grish 砂带更具有耐磨性，因此这里设定磨粒硬度分别为 2.1kHK(3M-372L)、7kHK(3M-661X)、1.68kHK(Grish-EW)和 5.6kHK(Grish-D)，砂带粒度均为 60μm，砂带磨粒采用静电植砂的方式将微细的磨粒植于高强度薄膜上，令磨粒可以定向均匀分布，能提供更高的磨削效率与光亮细致的磨光效果。由于不同的砂带磨粒，最主要的区别就在于磨粒的材料特性，因此本章中用磨粒的硬度来表征磨粒特性以便于后期的参数化数学模型的计算。

钛合金在磨削过程中温度较高，因此为了考虑磨削过程中冷却对开式砂带磨削的影响关系，使用了空冷、油冷、水冷以及临界 CO_2 等冷却手段，其比热容分别为 1.01kJ/(kg·K)、2.00kJ/(kg·K)、4.19kJ/(kg·K)、0.84kJ/(kg·K)。冷却过程中采用直喷的方式，冷却喷口的直径为 1mm，流量为 15L/min。由于冷却液的比热容对冷却效果影响很大，所以在参数化数学模型中用比热容表征冷却方式对磨削的影响。除此以外，砂带长度、砂带宽度、接触轮宽度和接触角度等的设置参数如表 3.4 所示。

表 3.4　开式砂带正交磨削实验参数

	砂带长度	砂带宽度	接触轮宽度	接触角度	走刀长度
参数	100m	10mm	10mm	0°	50mm

3.2.2　钛合金砂带磨削正交实验分析

钛合金开式砂带磨削实验结果如表 3.5 所示，表中分别列出了平面砂带磨削材料去除厚度(height of surface, HS)和圆柱砂带磨削材料去除厚度(height of cylinder, HC)，并对正交实验结果的均值和极差进行了计算，其中 HSM1、HSM2、HSM3、HSM4 为平面砂带磨削均值分析，HSR 为平面砂带磨削极差分析，HCM1、HCM2、HCM3、HCM4 为平面砂带磨削均值分析，HCR 为平面砂带磨削极差分析。

表 3.5　开式砂带正交磨削实验结果

实验号	A	B	C	D	E	F	G	H	I	HS/mm	HC/mm
1	1	1	1	1	1	1	1	1	1	0.004	0.012
2	1	2	2	2	2	2	2	2	2	0.016	0.051
3	1	3	3	3	3	3	3	3	3	0.005	0.017
4	1	4	4	4	4	4	4	4	4	0.015	0.045
5	2	1	1	2	2	3	3	4	4	0.011	0.0347
6	2	2	2	1	1	4	4	3	3	0.006	0.020
7	2	3	3	4	4	1	1	2	2	0.014	0.045
8	2	4	4	3	3	2	2	1	1	0.006	0.018
9	3	1	2	3	4	1	2	3	4	0.008	0.026
10	3	2	1	4	3	2	1	4	3	0.004	0.014
11	3	3	4	1	2	3	4	1	2	0.019	0.062
12	3	4	3	2	1	4	3	2	1	0.014	0.042
13	4	1	2	4	3	3	4	2	1	0.003	0.009

续表

实验号	A	B	C	D	E	F	G	H	I	HS/mm	HC/mm
14	4	2	1	3	4	4	3	1	2	0.009	0.027
15	4	3	4	2	1	1	2	4	3	0.013	0.039
16	4	4	3	1	2	2	1	3	4	0.039	0.117
17	1	1	4	1	4	2	3	2	3	0.008	0.024
18	1	2	3	2	3	1	4	1	4	0.002	0.006
19	1	3	2	3	2	4	1	4	1	0.031	0.093
20	1	4	1	4	1	3	2	3	2	0.013	0.041
21	2	1	4	2	3	4	1	3	2	0.001	0.003
22	2	2	3	1	4	3	2	4	1	0.01	0.03
23	2	3	2	4	1	2	3	1	4	0.011	0.035
24	2	4	1	3	2	1	4	2	3	0.035	0.112
25	3	1	3	3	1	2	4	4	2	0.005	0.016
26	3	2	4	4	2	1	3	3	1	0.017	0.051
27	3	3	1	1	3	4	2	2	4	0.006	0.020
28	3	4	2	2	4	3	1	1	3	0.026	0.086
29	4	1	3	4	2	4	2	1	3	0.012	0.037
30	4	2	4	3	1	3	1	2	4	0.007	0.023
31	4	3	1	2	4	2	4	3	1	0.021	0.063
32	4	4	2	1	3	1	3	4	2	0.007	0.021
HSM1	0.012	0.007	0.013	0.01	0.009	0.013	0.016	0.011	0.013		
HSM2	0.012	0.009	0.013	0.01	0.022	0.014	0.01	0.013	0.011		
HSM3	0.012	0.015	0.013	0.01	0.004	0.012	0.01	0.014	0.014		
HSM4	0.014	0.019	0.011	0.01	0.014	0.012	0.013	0.012	0.012		
HCM1	0.036	0.02	0.04	0.04	0.029	0.039	0.049	0.035	0.04		
HCM2	0.037	0.028	0.043	0.04	0.07	0.042	0.033	0.041	0.033		
HCM3	0.039	0.047	0.039	0.04	0.013	0.038	0.031	0.042	0.043		
HCM4	0.042	0.06	0.033	0.03	0.043	0.036	0.042	0.036	0.038		
HSR	0.002	0.012	0.002	0	0.018	0.002	0.006	0.003	0.003		
HCR	0.006	0.04	0.01	0.01	0.057	0.006	0.018	0.007	0.01		

钛合金开式砂带磨削结果如图 3.7 所示，可以看出，平面磨削材料去除深度小于圆柱磨削材料去除深度。平面磨削材料去除深度最大值为 0.039 mm，最小值为 0.001 mm，该材料去除深度满足叶盘余量要求。而圆柱磨削材料去除最大深度为 0.117 mm，最小值为 0.003 mm，超出了材料去除范围。因此在磨削过程中，对于曲率半径较小的曲面应选用单位时间内磨削量较小的工艺参数。钛合金开式砂带磨削实验均值、极差分析结果分别如图 3.8 和图 3.9 所示。

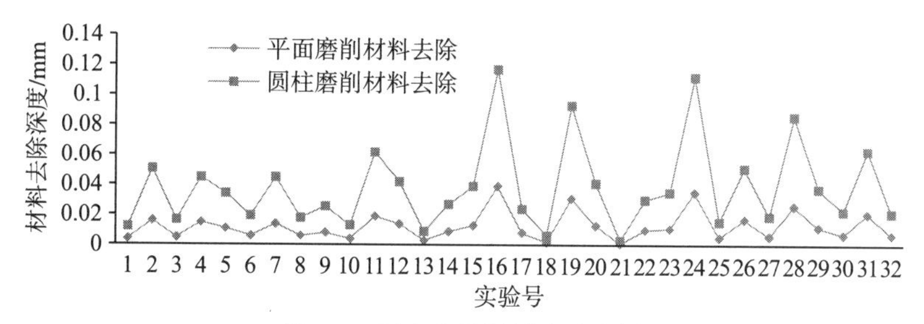

图 3.7　正交实验材料去除分析

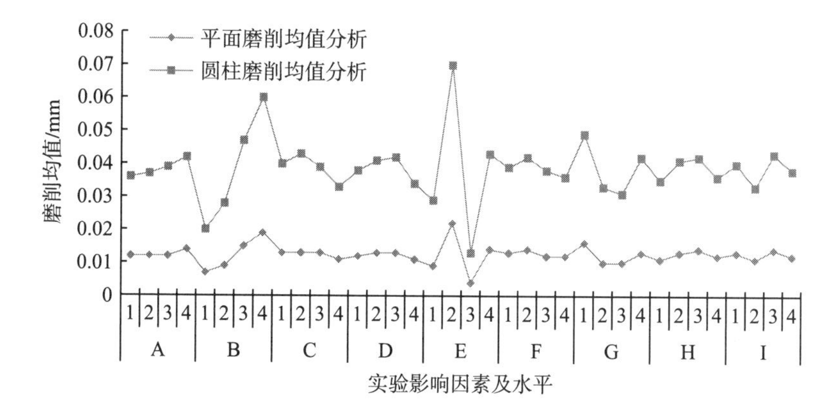

图 3.8　开式砂带磨削正交实验均值分析

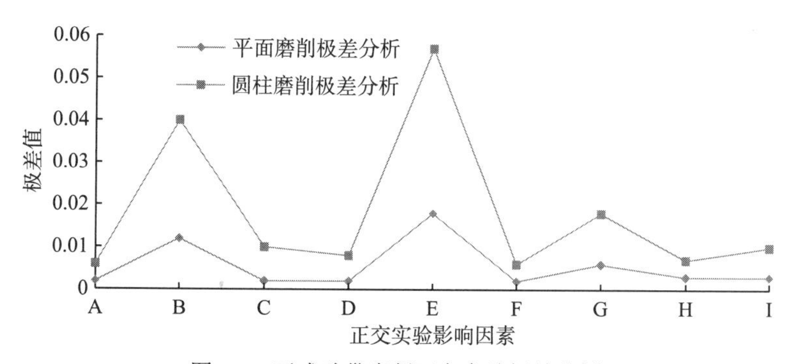

图 3.9　开式砂带磨削正交实验极差分析

如图 3.8 所示为开式砂带磨削正交实验均值分析，可以看出，在开式砂带磨削影响关系中，砂带线速度、轴向压力与材料去除量是成正相关，因此为了提高材料去除量可以增加砂带线速度和轴向压力；进给速度与材料去除率是反比例关系，因此为了提高材料去除量可以减小进给速度，同时从图上可以看出，过小的进给速度也不利于提高材料去除量；张力、往复运动频率等都是具有先增大后减小的趋势，因此为了提高材料去除量，可以选择中间值；磨粒材料、冷却条件以及往复次数等参数呈现出“N”字形规律，因此很难确定其影响规律。综上分析可以看出，为了精确控制开式砂带磨削材料去除量，必须选择成正比或者反比关系的工艺参数，包括砂带线速度、轴向压力、进给速度等。

如图3.9所示为开式砂带磨削正交实验极差分析结果，可以看出，在开式砂带磨削过程中影响材料去除量最大的因素是磨粒材料(E)，然后是轴向压力(B)。因此，在开式砂带磨削过程中，一旦选用了砂带以后，可以通过轴向压力的精确控制来实现开式砂带磨削材料去除量的精确控制。常规砂带磨削过程中砂带线速度往往大于15 m/s，而本实验中砂带线速度最大值仅为4 m/s，但是开式砂带磨削过程中砂带线速度过快不利于砂带的充分应用，由此可以得到在开式砂带磨削过程中线速度不是主要影响因素。同时可以看出，冷却条件(G)在开式砂带磨削过程中影响很大，这主要是由于相比常规砂带磨削，开式砂带的布基很薄且接触轮直径较小(最小可以达到1.25 mm)，因此采用合适的冷却条件可以更好地改善材料去除效果。

3.2.3 基于最小二乘法的多元线性回归分析预测模型算法

为了获得式(3.2)中的各个参数，这里应用最小二乘法来计算其回归预测模型。因此，设被解释变量Y与多个解释变量X_1、X_2、…、X_k之间的线性回归模型为

$$Y=\beta_0+\beta_1X_1+\beta_2X_2+\cdots+\beta_kX_k+\mu \tag{3.11}$$

式中，β_j $(j=0,1,2,\cdots,k)$为$k+1$个未知参数；μ为随机误差项。

对于n组观测值Y_i、X_{1i}、X_{2i}、…、$X_{ki}(i=1,2,\cdots,n)$，其方程组形式为

$$Y_i=\beta_0+\beta_1X_{1i}+\beta_2X_{2i}+\cdots+\beta_kX_{ki}+\mu_i \qquad (i=1,2,\cdots,n)$$

即

$$\boldsymbol{Y}_{n\times1}=\boldsymbol{X}_{n\times1}\beta_{(k+1)\times1}+\mu_{n\times1} \tag{3.12}$$

其中，$\boldsymbol{Y}_{n\times1}$为被解释变量的观测值向量，即

$$\boldsymbol{Y}_{n\times1}=[Y_1 \quad Y_2 \quad \cdots \quad Y_n]^{\mathrm{T}}$$

$\boldsymbol{X}_{n\times1}$为解释变量的观测值矩阵，即

$$\boldsymbol{X}_{n\times1}=\begin{vmatrix}1 & X_{11} & X_{21} & \cdots & X_{k1}\\ 1 & X_{12} & X_{22} & \cdots & X_{k2}\\ \vdots & \vdots & \vdots & & \vdots\\ 1 & X_{1n} & X_{2n} & \cdots & X_{kn}\end{vmatrix}^{\mathrm{T}}$$

$\boldsymbol{\beta}_{(k+1)\times1}$为总体回归参数向量，即

$$\boldsymbol{\beta}_{(k+1)\times1}=[\beta_0 \quad \beta_1 \quad \cdots \quad \beta_k]^{\mathrm{T}}$$

$\boldsymbol{\mu}_{n\times1}$为随机误差项向量，即

$$\boldsymbol{\mu}_{n\times1}=[\mu_1 \quad \mu_2 \quad \cdots \quad \mu_n]^{\mathrm{T}}$$

为了求得拟合曲线，这里要求一个函数$y=S^*(x)$对解释变量X_j $(j=1,2,\cdots,k)$进行拟合，若记误差$\delta_i=S^*(x_i)-Y_i$，设$\Phi_1(x)$，$\Phi_2(x)$，…，$\Phi_k(x)$是拟合曲线上线性

无关函数族，在 Φ=span$\{\Phi_0(x), \Phi_1(x), \Phi_2(x), \cdots, \Phi_k(x)\}$中找到一个函数 $S^*(x)$，使误差平方和取得最小值，即

$$\|\delta\|_2^2=\sum_{i=0}^{n}\delta_i^2=\sum_{i=0}^{n}[S^*(x)-Y_i]^2=\min_{S(x)\in\Phi}\sum_{i=0}^{n}\left[S(x)-Y_i\right]^2 \tag{3.13}$$

其中：

$$S(x)=a_0+a_1\Phi_1(x)+\cdots+a_k\Phi_k(x)$$

上述公式就是一般的最小二乘逼近，即曲线拟合最小二乘法。

因此可以得到：

$$\sum_{i=0}^{n}\delta_i^2=\sum_{i=0}^{n}[Y_i-S^*(x)]^2=\sum_{i=0}^{n}[Y_i-a_0-a_1\Phi_1(x)-\cdots-a_k\Phi_k(x)]^2$$

根据多元函数的极值原理，对 a_0、a_1、…、a_k 分别求一阶偏导，并令其等于零，即

$$\begin{cases}\dfrac{\partial\delta}{\partial a_0}=2\sum(Y_i-a_0-a_1\Phi_1(x)-\cdots-a_k\Phi_k(x))(-1)=0\\ \dfrac{\partial\delta}{\partial a_1}=2\sum(Y_i-a_0-a_1\Phi_1(x)-\cdots-a_k\Phi_k(x))(-\Phi_1(x))=0\\ \vdots\\ \dfrac{\partial\delta}{\partial a_k}=2\sum(Y_i-a_0-a_1\Phi_1(x)-\cdots-a_k\Phi_k(x))(-\Phi_k(x))=0\end{cases}$$

化简得下列方程组：

$$\begin{cases}na_0+a_1\sum\Phi_1(x)+\cdots+a_k\sum\Phi_k(x)=\sum y_i\\ a_0\sum\Phi_1(x)+a_1\sum\Phi_1^2(x)+\cdots+a_k\sum\Phi_1(x)\Phi_k(x)=\sum\Phi_1(x)y_i\\ \vdots\\ a_0\sum\Phi_k(x)+a_1\sum\Phi_1(x)\Phi_k(x)+\cdots+a_k\sum\Phi_k^2(x)=\sum\Phi_k(x)y_i\end{cases}$$

由此可以得到该等式的矩阵形式为

$$\begin{bmatrix}n & \sum\Phi_1(x) & \cdots & \sum\Phi_k(x)\\ \sum\Phi_1(x) & \sum\Phi_1^2(x) & \cdots & \sum\Phi_1(x)\Phi_k(x)\\ \vdots & \vdots & & \vdots\\ \sum\Phi_k(x) & \sum\Phi_1(x)\Phi_k(x) & \cdots & \sum\Phi_k^2(x)\end{bmatrix}\begin{bmatrix}a_0\\ a_1\\ \vdots\\ a_k\end{bmatrix}=\begin{bmatrix}\sum Y_i\\ \sum\Phi_1(x)Y_i\\ \vdots\\ \sum\Phi_k(x)Y_i\end{bmatrix}$$

其中，等式左侧 $(k+1)\times(k+1)$ 矩阵及右侧 $(k+1)\times1$ 矩阵可分别化作

$$\begin{bmatrix}n & \sum\Phi_1(x) & \cdots & \sum\Phi_k(x)\\ \sum\Phi_1(x) & \sum\Phi_1^2(x) & \cdots & \sum\Phi_1(x)\Phi_k(x)\\ \vdots & \vdots & & \vdots\\ \sum\Phi_k(x) & \sum\Phi_1(x)\Phi_k(x) & \cdots & \sum\Phi_k^2(x)\end{bmatrix}$$

$$=\begin{bmatrix} 1 & 1 & \cdots & 1 \\ x_{11} & x_{21} & \cdots & x_{n1} \\ \vdots & \vdots & & \vdots \\ x_{1k} & x_{2k} & \cdots & x_{nk} \end{bmatrix}\begin{bmatrix} 1 & x_{11} & \cdots & x_{1k} \\ 1 & x_{21} & \cdots & x_{2k} \\ \vdots & \vdots & & \vdots \\ 1 & x_{n1} & \cdots & x_{nk} \end{bmatrix}=\boldsymbol{X}^{\mathrm{T}}\boldsymbol{X} \tag{3.14}$$

$$\begin{bmatrix} \sum Y_i \\ \sum \Phi_1(x)Y_i \\ \vdots \\ \sum \Phi_k(x)Y_i \end{bmatrix}=\begin{bmatrix} 1 & 1 & \cdots & 1 \\ x_{11} & x_{21} & \cdots & x_{n1} \\ \vdots & \vdots & & \vdots \\ x_{1k} & x_{2k} & \cdots & x_{nk} \end{bmatrix}\begin{bmatrix} Y_1 \\ Y_2 \\ \vdots \\ Y_n \end{bmatrix}=\boldsymbol{X}^{\mathrm{T}}\boldsymbol{Y} \tag{3.15}$$

样本回归模型两边同乘样本观测值矩阵 $\boldsymbol{X}$ 的转置矩阵 $\boldsymbol{X}^{\mathrm{T}}$，则有

$$\beta_{(k+1)\times 1}=(\boldsymbol{X}^{\mathrm{T}}\boldsymbol{X})^{-1}\boldsymbol{X}^{\mathrm{T}}\boldsymbol{Y} \tag{3.16}$$

3.2.4 钛合金材料砂带磨削参数化数学模型

根据上文的分析，结合正交实验结果，可以得到参数化数学模型。将式(3.2)两边取对数，即

$$\ln V_2=\ln K+\lambda_1\ln v_{\mathrm{s}}+\lambda_2\ln P+\lambda_3\ln v_{\mathrm{w}}+\lambda_4\ln F_{\mathrm{t}}+\lambda_5\ln \mathrm{GM}+\lambda_6\ln H+\lambda_7\ln \mathrm{CC}+\lambda_8\ln f+\lambda_9\ln N$$

令：

$$\boldsymbol{Y}=\ln V_2$$

$$\boldsymbol{\beta}=[\ln K,\lambda_1,\lambda_2,\lambda_3,\lambda_4,\lambda_5,\lambda_6,\lambda_7,\lambda_8,\lambda_9]^{\mathrm{T}}$$

$$\boldsymbol{X}=[1,\ln v_{\mathrm{s}},\ln P,\ln v_{\mathrm{w}},\ln F_{\mathrm{t}},\ln \mathrm{GM},\ln H,\ln \mathrm{CC},\ln f,\ln N]$$

则：

$$\boldsymbol{Y}=\boldsymbol{X\beta}$$

根据式(3.16)可以计算得到：

$$\boldsymbol{\beta}=[\beta_{\mathrm{HS}},\beta_{\mathrm{HC}}]=\begin{bmatrix} -13.1393 & -10.5004 \\ 0.216821 & 0.228112 \\ 0.388097 & 0.505861 \\ -1.3581 & -1.143 \\ -0.20647 & -0.22442 \\ 0.646138 & 0.615281 \\ 1.132832 & 0.80459 \\ 0.004528 & 0.07245 \\ 0.490937 & 0.396999 \\ 0.209991 & 0.128015 \end{bmatrix}$$

由此可以得到开式砂带磨削圆柱磨削与平面磨削的材料去除参数化磨削方程分别如下所示：

$$V_{2HS}=1.967\times10^{-6}v_s^{0.217}P^{0.388}v_w^{-1.358}F_t^{-0.206}GM^{0.646}H^{1.133}CC^{0.005}f^{0.491}N^{0.21} \tag{3.17}$$

$$V_{2HC}=2.752\times10^{-5}v_s^{0.228}P^{0.506}v_w^{-1.143}F_t^{-0.224}GM^{0.615}H^{0.805}CC^{0.072}f^{0.397}N^{0.128} \tag{3.18}$$

为了得到开式砂带磨削全周期的材料去除关系，根据模型结合正交实验分析得到的最优工艺参数进行实验研究，即：砂带线速度 4 m/s，轴向压力 14 N，进给速度 0.6 m/min，张力 0.2 N，磨粒材料为 3 M 金刚石砂带，接触轮硬度为 65 HR，冷却条件为水冷，往复运动频率为 80 Hz，往复运动次数为 4 次。根据该参数，在正交实验磨削装备上分别对平面和圆柱进行了 2 次全周期砂带磨削实验，可以粗略统计得到影响开式砂带磨削全生命周期的几个重要时间点，其结果如表 3.6 所示。

表 3.6 开式砂带全生命周期

	ε	t_{max}	t_0	t_1	t_{min}	T
参数	0.4	1.6 min	2 min	28 min	32 min	35 min

根据式(3.3)、式(3.4)、式(3.5)、式(3.17)和式(3.18)可以分别得到在该参数下的平面磨削和圆柱磨削的相关参数，如表 3.7 所示。可以看出，在稳定时期，圆柱砂带磨削是平面砂带磨削材料去除量的 5 倍。

表 3.7 开式砂带磨削预测参数

磨削实验对象	V_{max}	V_{min}	V_2	a	b	c
平面磨削	0.0951	0.0618	0.1853	50.625	–2781.381	–1.243
圆柱磨削	0.2653	0.1724	0.5171	141.246	–7760.11	–3.468

如表 3.7 所示，在达到稳定磨削以后，材料去除磨削深度约等于最大值的 1/2，根据式(3.1)就可以得到开式砂带磨削全周期的材料去除方程。

通过分析可以看出，影响砂带磨削材料去除的过程中最重要的就是稳定时期的材料去除，因此只要式(3.17)和式(3.18)是满足要求的，就可以得到整个周期的参数化数学模型。为验证开式砂带磨削圆柱磨削与平面磨削的材料去除参数化磨削方程的显著性，采用 F 检验法对预测模型进行检验。样本测量值与总平均值之差的平方和为总偏差平方和，为了进行统计检验，需要把总的偏差平方和进行分解。总的偏差平方和 S_T 可以分解为回归平方和 S_A 和剩余平方和 S_E 两部分，则有

$$S_A=\sum_{i=1}^{n}(y_i-\overline{y})^2 \tag{3.19}$$

$$S_E=\sum_{i=1}^{n}(y_i-\hat{y}_i)^2 \tag{3.20}$$

$$S_T=S_A+S_E \tag{3.21}$$

式中，y_i为各组试验测得的粗糙度值；$\bar{y}$为所有组测得的试验粗糙度的平均值；$\widehat{y_i}$为各组试验参数代入边缘磨削量预测模型的计算值。

采用F检验法，则有

$$F=\frac{S_{\mathrm{A}}/p}{S_{\mathrm{E}}/(n-p-1)}\sim F(p,n-p-1) \tag{3.22}$$

式中，n为试验组数，为32；p为变量个数，取9。

由此可以得到圆柱磨削与平面磨削的F检验分别为：F_{HS}=3.874和F_{HC}=4.875。检验显著水平取α=0.01时，查表$F_{0.01}$(9，22)=3.35，比计算的F值小，所以回归方程是显著的。

由图3.10可以看出，大部分的实验的绝对误差在25%左右，但在其中几个实验中出现巨大的绝对误差，如图3.10中椭圆形以内的数据。为了分析产生误差的原因，将绝对误差超过100%的实验单独列出，如表3.8所示。

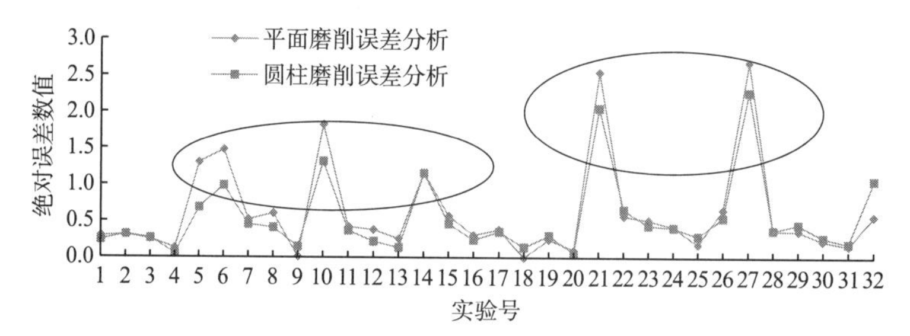

图3.10 开式砂带磨削正交实验绝对误差分析

表3.8 开式砂带磨削正交实验绝对误差最大值实验分析

实验号	A	B	C	D	E	F	G	H	I
6	2	6	0.8	0.2	2.1	65	0.84	60	3
10	3	6	0.6	1	1.68	45	1.01	80	3
14	4	6	0.6	0.8	5.6	65	4.19	20	2
21	2	2	1.2	0.6	1.68	65	1.01	60	2
27	3	10	0.6	0.2	1.68	65	2	40	4

表3.8表示了开式砂带磨削正交实验绝对误差所对应的实验因素，其中影响因素F，也就是接触轮硬度对绝对误差影响最大，可以看出，误差大主要是由于接触轮硬度较大所造成的。这主要是由于当接触轮硬度比较大的时候，磨削过程中的颤振现象严重，这将严重影响砂带磨削的材料去除精度，因此为了减小绝对误差，在选用接触轮的时候尽量选择硬度较小的。其次，可以看出在轴向力为6 N、进给速度为0.6 m/min时容易造成误差，而磨粒材料硬度较小时容易造成误差，这主要是由磨料与材料的交互影响规律所造成的。

3.3 磨削影响因素对钛合金材料去除规律及其模型精度的影响分析

为了进一步掌握该磨削方法单因素的影响规律，在正交实验平台上进行了单因素实验，并与预测模型进行对比分析，默认磨削影响因素参数包括：砂带线速度4 m/s，轴向压力14 N，进给速度0.6 m/min，张力0.2N，磨粒材料为3M金刚石砂带，接触轮硬度为65 HS，冷却条件为水冷，往复运动频率为80 Hz，往复运动次数为4次。

3.3.1 磨削工艺参数对钛合金材料去除规律及其模型精度分析

1. 砂带线速度对钛合金材料去除的影响

如图3.11所示，随着砂带线速度的升高材料去除厚度也逐渐上升，在线速度为12 m/s以前，计算结果与模型仿真结果误差在±5%以内，该结果与模型比较吻合，当线速度达到14 m/s的时候，误差大于20%，对于常规钛合金砂带磨削最有效的线速度为15～18 m/s。其中，CHS和CHC分别为仿真平面砂带磨削材料去除厚度和仿真圆柱砂带磨削材料去除厚度，RHS和RHC分别为实际平面砂带磨削材料去除厚度和实际圆柱砂带磨削材料去除厚度。根据结果可以看出，开式砂带磨削不宜采用线速度过高的砂带，这主要是存在两个方面的原因：一方面，线速度过高增加了该装置的实现成本；另一方面，由于研磨带布基很薄，在高速的情况下极易发生断带的问题。

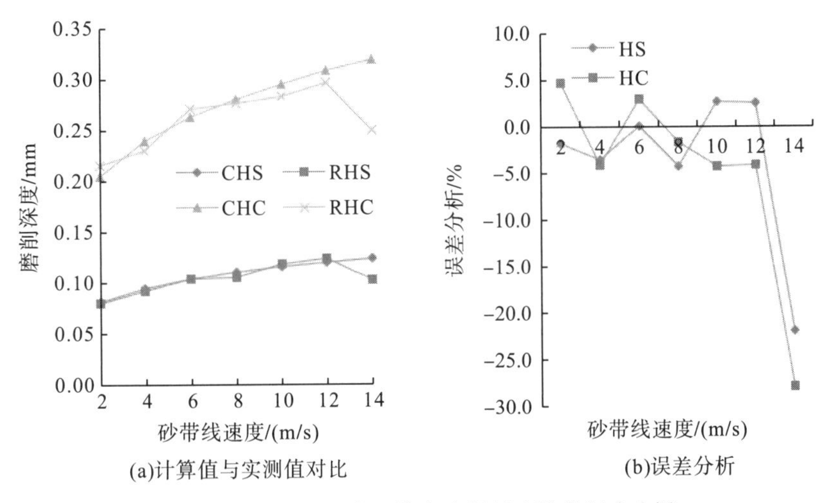

(a)计算值与实测值对比 (b)误差分析

图3.11 砂带线速度对钛合金材料去除的影响分析

同时从实验数据与仿真数据可以看出，砂带线速度从 4 m/s 到 10 m/s，平面磨削和圆柱磨削的材料去除深度增加比值分别为 0.003 mm/(m/s) 和 0.005 mm/(m/s)，但是必须解决电机的同步运动控制、张力的超精确控制以及轮系高速运转状态下的动平衡等问题，因此，对于开式钛合金砂带磨削，最有效的线速度选择应在 5 m/s 左右。

2. 磨削压力对钛合金材料去除的影响

如图 3.12 所示，总体来说，随着轴向压力的提高材料去除效果也逐渐提升，且轴向压力与材料去除之间存在一定的线性关系，因此可以通过轴向压力的控制定量控制材料去除厚度。轴向压力为 6～12N 时，仿真模型与实测值之间的误差在±5%以内，该结果与模型比较吻合，但是在 2～4 N 以及 14 N 以上时，出现了较大的误差。这主要是由于在压力较小的情况下，工件与砂带的接触颤振问题比较严重，难以精确计算材料去除情况；而在压力较大的情况下，对于开式砂带磨削，磨粒挤压严重，难以实现磨粒的正常切削，同时对于平面磨削和圆柱磨削分别达到 16 N 和 18 N 的时候，出现了严重的断带的现象，且在较大接触压力的状况下，磨削量较大，难以将叶片砂带磨削余量控制在 0.005～0.02 mm。因此，对于开式砂带磨削，轴向压力应选择在 8 N 左右比较合适。

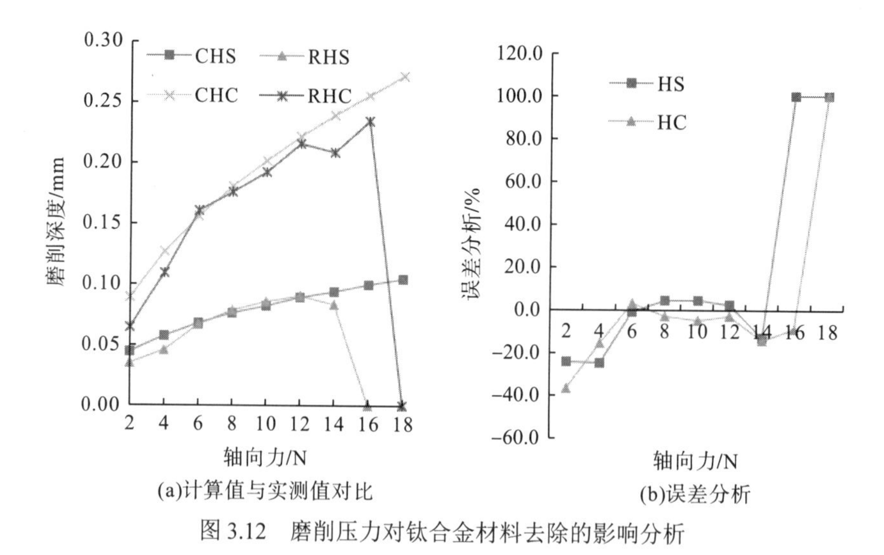

(a)计算值与实测值对比 (b)误差分析

图 3.12 磨削压力对钛合金材料去除的影响分析

3. 磨削进给速度对钛合金材料去除的影响

如图 3.13 所示，总体来说，随着进给速度的提高材料去除效果反而也逐渐变差，砂带线速度为 0.2～0.4 m/min 时计算误差较大，且实测值远小于误差值，这主要是由于在其他工艺参数相同时，进给速度较低导致砂带磨损严重，且表面容易出现烧伤而形成致密的氧化层，这样反而增加了切削难度。当进给速度为 0.6～1.4 m/min 时，仿真模型与实测值之间的误差在±4%以内，实测结果与模型很好地吻合，但是考虑到磨削效率，进给速度不宜过大。因此，开式砂带磨削进给速度应选择在 1 m/min 比较合适。

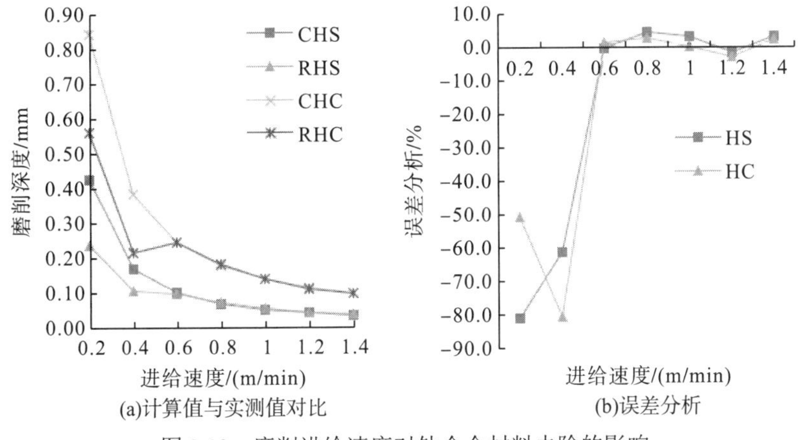

(a)计算值与实测值对比　(b)误差分析

图 3.13　磨削进给速度对钛合金材料去除的影响

4. 砂带张力对钛合金材料去除的影响

如图 3.14 所示，随着张力的增加，磨削量有减小的趋势，这与常规的砂带磨削有较大差异。同时可以看出，张力为 0.2～0.6 N 时预测模型与实测值的误差在±5%以内，而当张力升高到 0.8～1 N 时，磨削量又有增大的趋势，当张力达到 1.2 N 时出现了断带现象，这主要是由于砂带布基很薄，在张力过大的情况下极易产生断带以及磨粒分布发生变化等问题。因此，开式砂带磨削过程中，张力的选择应在 0.5 N 左右。

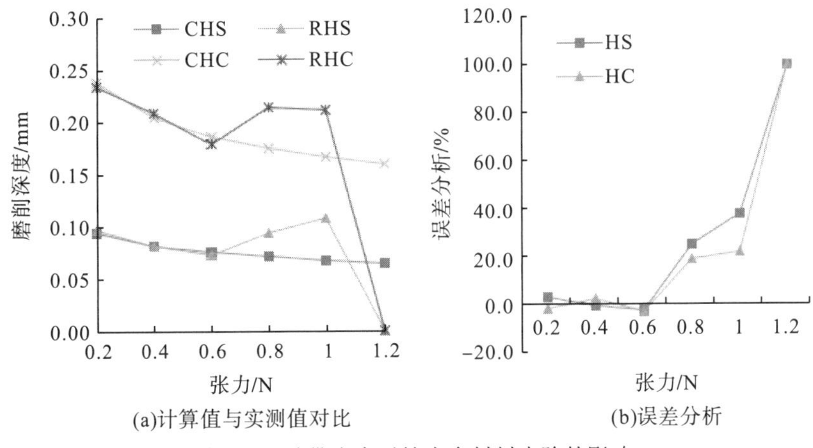

(a)计算值与实测值对比　(b)误差分析

图 3.14　砂带张力对钛合金材料去除的影响

3.3.2 磨削条件对钛合金材料去除规律及其模型精度的影响分析

1. 砂带磨粒材料对钛合金材料去除的影响

砂带磨粒材料的特性与很多因素有关，包括磨粒材料、磨粒分布以及植砂方式、布基材料等。本书主要考虑了砂带磨粒材料，并用磨粒材料的硬度来表征砂带特性。如图 3.15 所示，随着磨粒硬度的增加，磨削深度也逐渐增加，同时可以看出氧化铝磨料材料去除厚度低于金刚石磨料且差距较大。在误差分析中还可以看出，氧化铝磨料的磨削深度普遍比预测值小，而金刚石磨料砂带磨削深度普遍比预测值大，这主要与砂带磨粒的耐磨性特性有关，通常情况下，金刚石的耐磨性较高。但是金刚石成本比氧化铝高很多，因此，建议采用氧化铝磨料砂带进行钛合金材料去除。同时可以看出，不同磨粒材料的预测值误差范围都在±5%以内，没有出现较大误差的情况，因此可以得出磨料材料特性对于磨削深度的影响较大且具有较明确的影响规律。

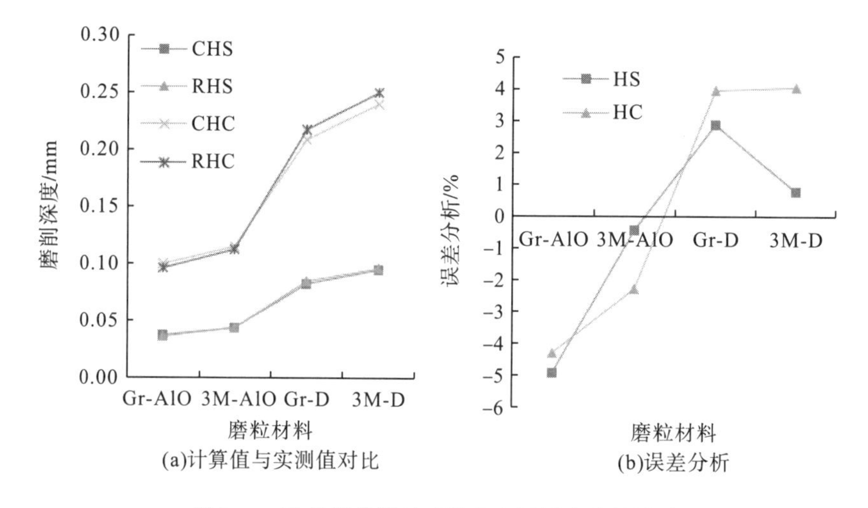

图 3.15 砂带磨粒材料对钛合金材料去除的影响

2. 接触轮硬度对钛合金材料去除的影响

如图 3.16 所示，随着接触轮硬度的增加，材料去除率也逐渐升高，同时可以看出，接触轮硬度与材料去除率成正比。从图上看出，接触轮硬度在 65 HR 时，砂带材料去除预测精度降低，为 20%左右，这主要是由于接触轮硬度过高容易造成颤振，从而难以精确计算。但是接触轮硬度过低则会影响材料去除率，因此，在初加工阶段可以使用较硬的接触轮，磨削压力应较大，从而减少颤振现象，而在精加工阶段开式砂带磨削过程中可以采用较软的接触轮。

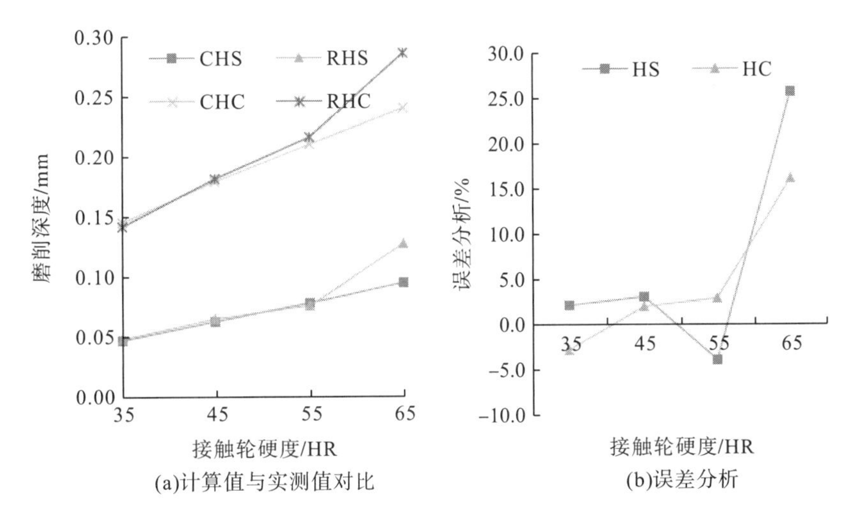

(a)计算值与实测值对比　(b)误差分析

图 3.16　接触轮硬度对钛合金材料去除的影响

3. 冷却条件对钛合金材料去除的影响

如图 3.17 所示，砂带磨削与冷却状态的关系不是很明显，这主要是由于砂带线速度不高，在磨削过程中温度不高，因此属于自然的冷态磨削，但是如果采用更高的砂带线速度，则必须采用相应的冷却方式。油冷容易跟接触的橡胶发生反应，空冷容易增加钛合金的氧化，CO_2 冷却成本较高，同时根据预测模型，采用水冷会有更好的冷却效果。

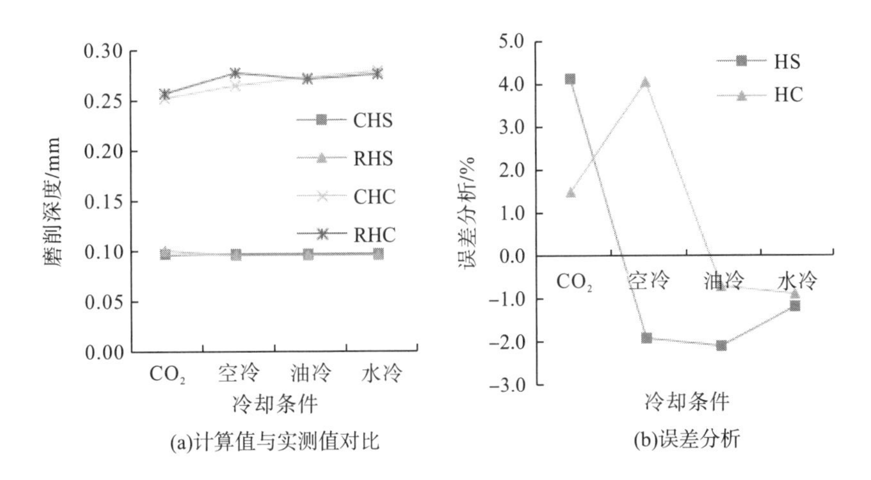

(a)计算值与实测值对比　(b)误差分析

图 3.17　冷却条件对钛合金材料去除的影响

3.3.3　新型运动方式对钛合金材料去除规律及其模型精度分析

1. 曲率往复运动频率对钛合金材料去除的影响

如图 3.18 所示，随着曲率往复运动频率的增加，材料去除率逐渐升高，呈现较为明显的正比特性，该现象对于圆柱磨削更为明显，且其预测误差在±6%以内，预测精度较高，可以通过频率的改变定量地控制砂带磨削深度。从磨削过程中可看出，随着频率的升高，砂带的利用率较高，砂带磨屑黏附现象也减少，磨削表面粗糙度以及表面光洁度明显提升，且有利于实现磨削纹理的均匀化。同时由于磨削过程中的不断运动，该方法具有自冷却的功能，可以减小磨削热的产生。由此可以看出，增加砂带往复运动频率是发挥该方法优势的重要手段。

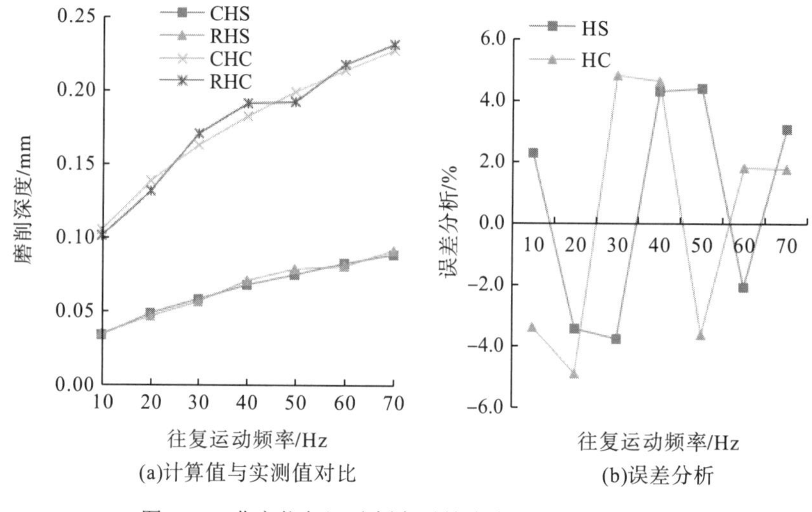

(a)计算值与实测值对比　　(b)误差分析

图 3.18　曲率往复运动频率对钛合金材料去除的影响

2. 曲率往复运动长度对钛合金材料去除的影响

如图 3.19 所示，随着曲率往复运动次数的增加，材料去除率逐渐升高，在往复运动次数为 1～4 次的时候，模型计算与实测结果误差在±5%之内，但是当磨削次数大于 4 次以后，材料去除率基本没变。这主要是由于往复运动 6 次左右，砂带磨损已经比较严重，基本失去了其切削能力，但是其他工艺参数对该参数有影响，比如往复运动频率以及线速度的提高都可以加速砂带的磨损，从而减少运动的次数。根据前面的分析可以看出，当砂带磨损较为严重时表面质量急剧恶化，通过对该参数的研究，可以指导磨削过程中的运动次数的选择，避免砂带的浪费或者砂带的过度使用对表面质量以及型面精度造成重大影响。

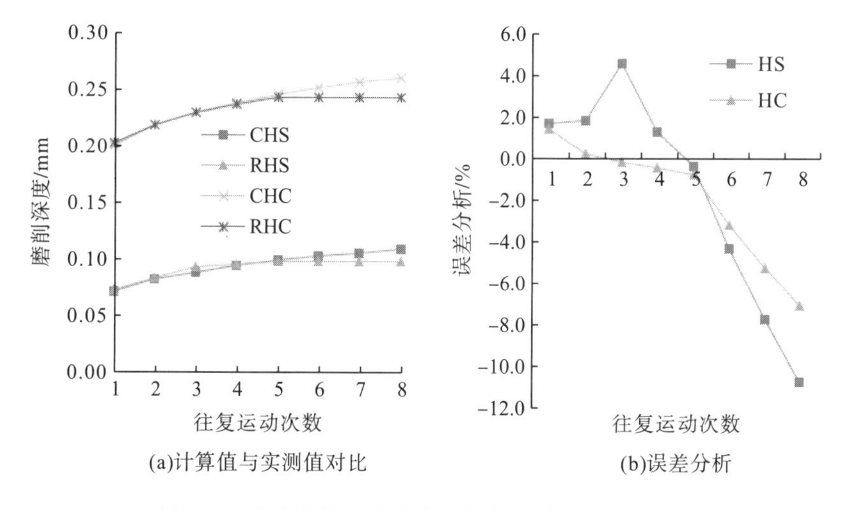

(a)计算值与实测值对比　　(b)误差分析

图 3.19　曲率往复运动次数对钛合金材料去除的影响

3.4　本 章 小 结

首先通过传统砂带磨削材料去除规律的分析，将砂带磨削全生命周期分为最大影响期、稳定期、急剧磨损期三个阶段，进而建立了面向砂带磨削全生命周期的材料去除理论模型。然后采用 9 因素 4 水平的正交实验方法分别对钛合金平面和圆柱两种形状的工件进行了磨削加工，采用蓝光和三坐标测量仪进行微量磨削测试而获得砂带磨削去除量，并通过基于最小二乘法的多元线性回归方法获得了面向砂带磨削全生命周期的材料去除参数化数学模型，同时对该模型进行了显著水平检验。最后采用单因素实验方法，分别分析了磨削工艺参数、磨削条件和新型运动方式对钛合金材料去除的影响规律，并验证了预测模型的精度。

第4章　整体叶盘开式砂带磨削工艺规划研究

对于三轴联动加工而言，五轴加工由于多了两个自由度，使加工效率和精度都得到了极大的提高，但也同时出现了新问题，即刀具干涉与碰撞的问题。而六轴联动的砂带磨削相对于传统的五轴加工以及三轴加工干涉与碰撞来说检测难度更大。无论是离线加工方式还是在线实时加工方式，刀具干涉与碰撞问题都是进行复杂曲面加工时必须解决的问题。在六轴联动砂带磨削过程中，由于 CNC 系统具备 CAD/CAM 系统生成刀具路径的功能，因此 CNC 系统需要对干涉碰撞进行在线检测，并对刀具姿态即刀具轴向方位进行实时调整和修正，及时避免刀具干涉碰撞，以免造成不必要的破坏。本章通过整体叶盘全型面砂带磨削工艺分析、整体叶盘砂带磨削干涉形式及其特征分析和整体叶盘六轴联动无干涉砂带磨削磨具矢量控制等研究，解决整体叶盘狭小空间砂带磨削易干涉的问题，为整体叶盘全型面抛光奠定理论基础。

4.1　整体叶盘全型面砂带磨削工艺分析

4.1.1　整体叶盘全型面砂带磨削工艺方案

1. 整体叶盘全型面砂带磨削整体布局方案

如图 4.1(a)所示为英国 Rolls-Royce 钛合金宽弦风扇整体叶盘，可以看出整体叶盘在结构上具有叶片薄、弯扭大、叶展长、叶片间距小以及叶根与边缘过渡区曲率半径小等特性。本章所研究的整体叶盘为某航空发动机公司提供，如图 4.1(b)所示，整体叶盘的全型面抛光部位包含轮盘流道型面(disc flowing surface, DFS)、叶根(blade root, BR)、进气边(leading edge, LE)、排气边(training edge, TE)、内弧面(concave, CCV)、外弧面(convex, CVX)、叶尖(blade apex, BA)等。

根据整体叶盘结构特性研制了整体叶盘全型面数控砂带磨削装置。如图 4.2(a)所示。该装置是根据整体叶盘形状，合理分配磨头进给、磨头方位调整和工件方

(a)Rolls-Royce整体叶盘

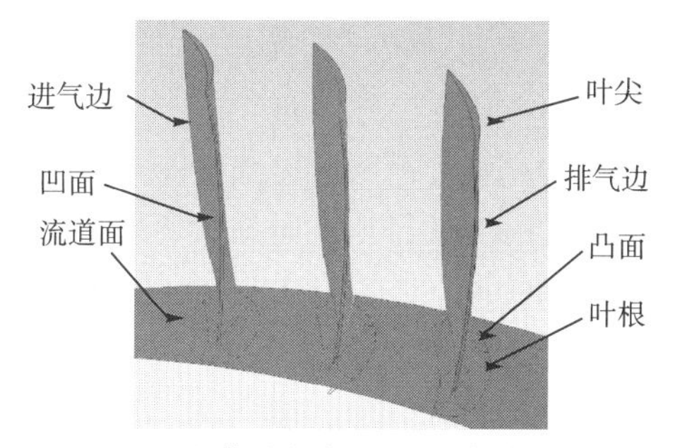

(b)整体叶盘全型面抛光部位

图 4.1　整体叶盘及其全型面抛光部位

位角度调整，通过较短的传动链实现空间六个自由度的结合，保证了磨头机构及工件夹持机构的刚性；通过接触轮及砂带能够切入整体叶盘两叶片间狭小间隙内，在接触轮高速旋转时，能保证接触轮与工件之间接触稳定。

整体叶盘全型面加工示意图如图 4.2(b)～(g) 所示，分别为整体叶盘叶片型面抛光、叶片叶尖抛光、叶片进气边边缘抛光、叶片排气边边缘抛光、叶片叶根抛光和叶盘流道面抛光。由于该装置能实现一次装夹而全型面的抛光加工，在提高工作效率的同时，能够保证复杂曲面工件加工的尺寸精度，确保了型面的质量，提高了成品合格率，降低了工人的劳动强度，降低了管理及生产成本。

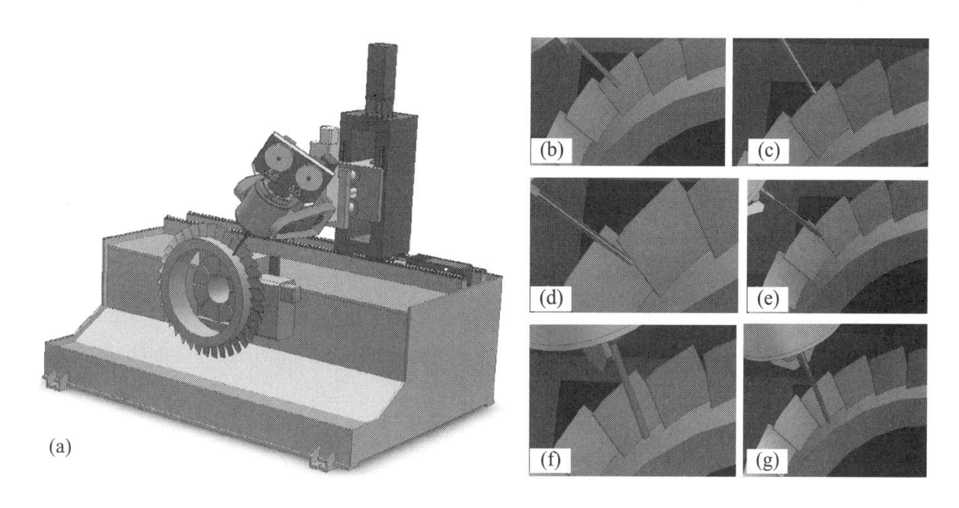

图 4.2　整体叶盘全型面砂带抛光示意图

2. 整体叶盘叶片型面和叶尖的砂带磨削工艺方案

如图 4.2(b) 和 (c) 所示为整体叶盘叶片型面和叶尖的砂带磨削示意图。叶片型面的加工最主要的就是注意如何减小变形对加工的影响。

如图 4.3 所示为整体叶盘凸面磨削过程中不同部位、不同压力大小的变形分析。如图 4.3(a)～(c)为磨削压力为 10 N 时的叶片变形，其中(a)为接触区域在叶片顶部的接触变形，此时最大变形达到了 0.00568 mm；(b)为接触区域在叶片中间部位的接触变形，此时最大变形达到了 0.00164 mm；(c)为接触区域在叶片底部的接触变形，此时最大变形仅为 0.0000642 mm。图 4.3(d)～(f)为磨削压力为 20 N 时的叶片变形，其中(d)为接触区域在叶片顶部的接触变形，此时最大变形达到了 0.01178 mm；(e)为接触区域在叶片中间部位的接触变形，此时最大变形达到了 0.00339 mm；(f)为接触区域在叶片底部的接触变形，此时最大变形仅为 0.000134 mm。通过上面的分析可以看出，为了减小叶片变形，叶片中部以下可以采用较大压力，但在叶片中部以上可以采用较小的磨削压力。同时可以得出，叶片顶部磨削在压力为 10 N 时的最大变形大于叶片最小余量 0.005 mm，因此对于整体叶盘叶片凸面的磨削，为了保证叶片型面精度，在叶片上部磨削的时候磨削压力应小于 10 N。

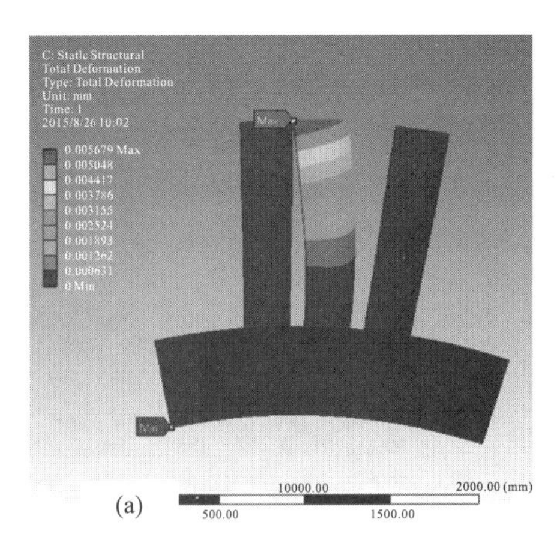

(a)

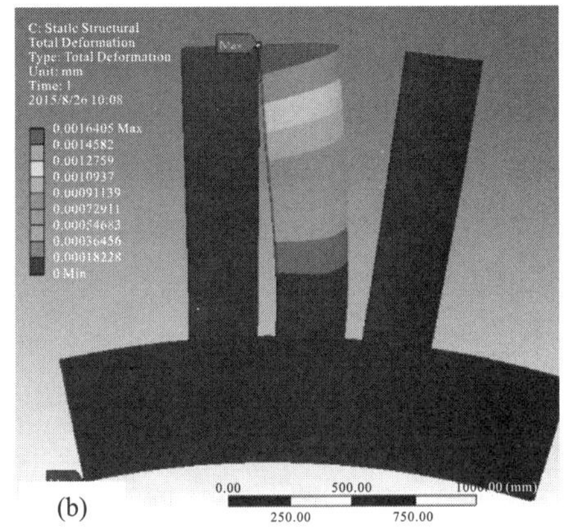

(b)

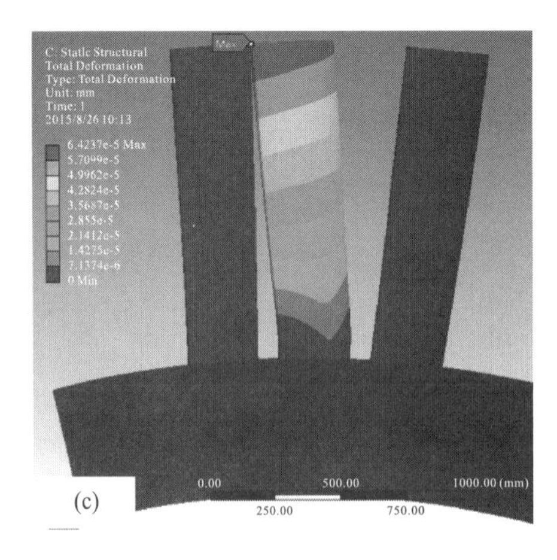

(c)

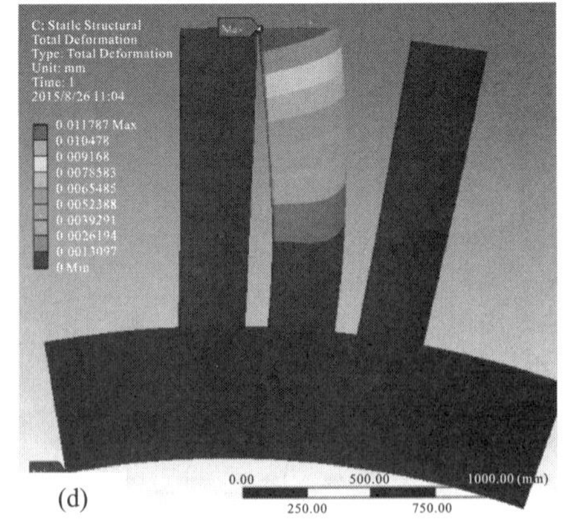

(d)

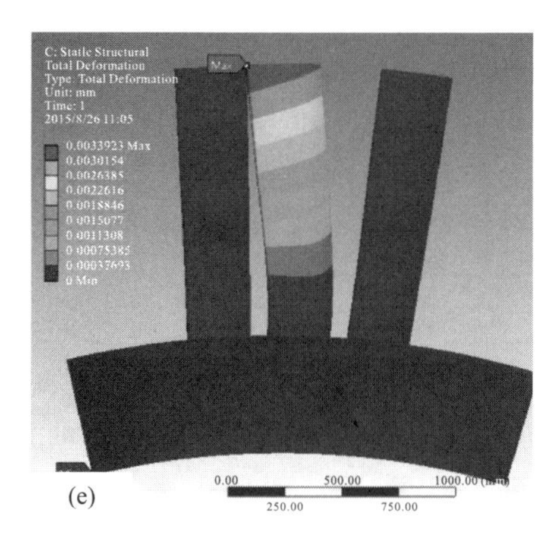

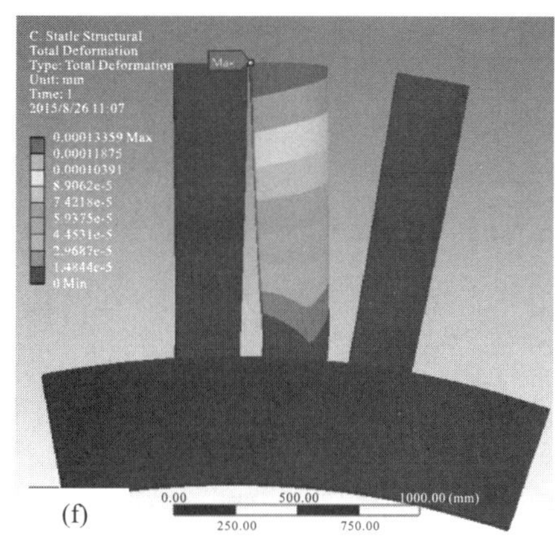

图 4.3　整体叶盘凸面磨削过程中的变形分析

如图 4.4 所示为整体叶盘凹面磨削过程中不同部位和不同压力下的变形分析。如图 4.4(a)～(c)为磨削压力为 10 N 时的叶片变形，其中(a)为接触区域在叶片顶部的接触变形，此时最大变形达到了 0.00576 mm；(b)为接触区域在叶片中间部位的接触变形，此时最大变形达到了 0.00169 mm；(c)为接触区域在叶片底部的接触变形，此时最大变形仅为 0.0000694 mm。如图 4.4(d)～(f)为磨削压力在 20N 时的叶片变形，其中(d)为接触区域在叶片顶部的接触变形，此时最大变形达到了 0.011966 mm；(e)为接触区域在叶片中间部位的接触变形，此时最大变形达到了 0.0035 mm；(f)为接触区域在叶片底部的接触变形，此时最大变形仅为 0.000144 mm。通过上面的分析可以看出，相比叶片凸面，叶片凹面磨削在同一部位和同一压力的条件下，叶片变形更大，因此可以得到，在叶片凹面磨削的过程中，在同一磨削部位应选择较小的磨削压力。

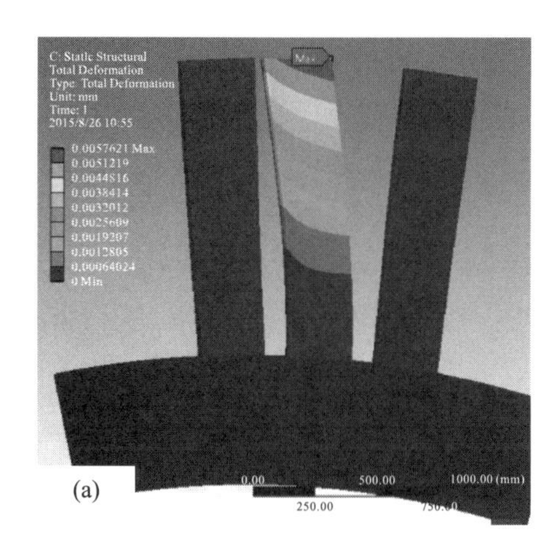

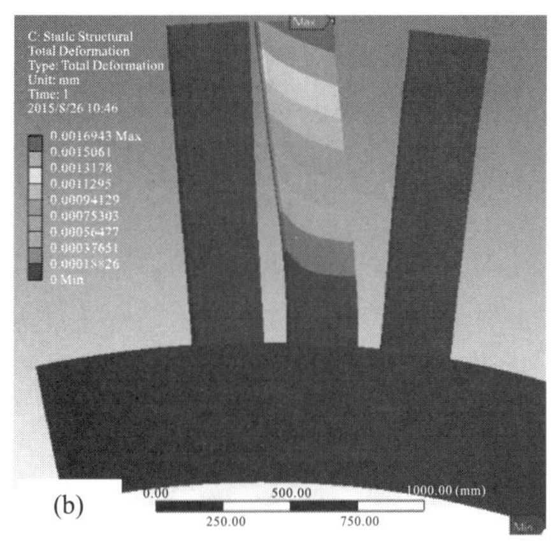

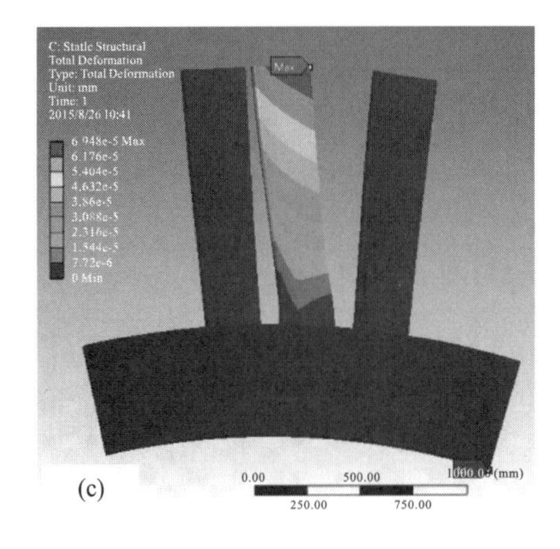

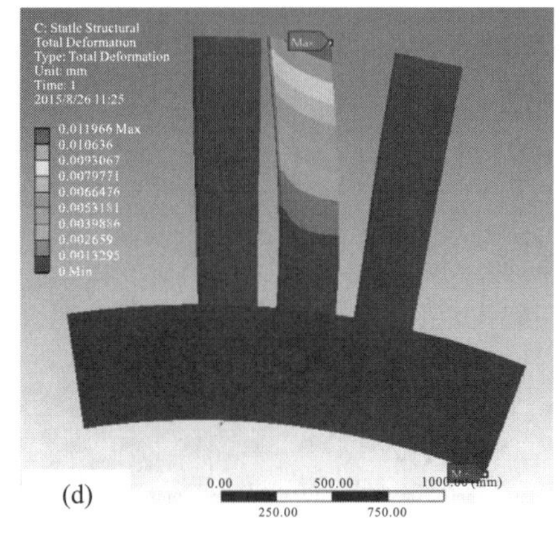

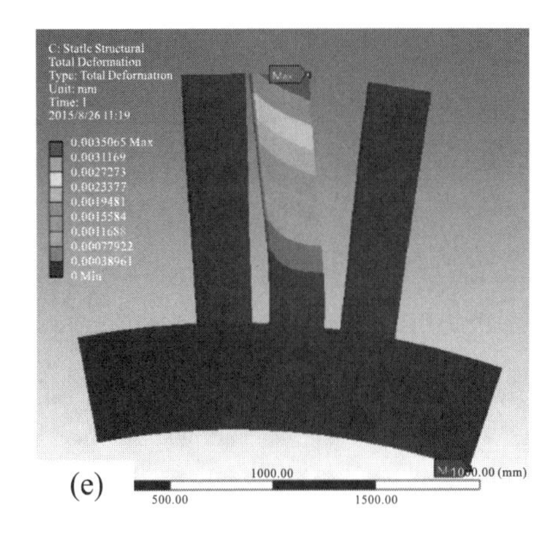

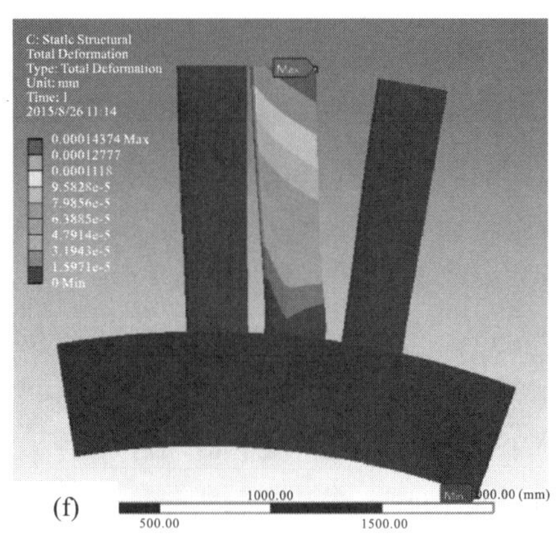

图 4.4 整体叶盘凹面磨削过程中的变形分析

3. 整体叶盘叶片边缘砂带磨削工艺方案

由于整体叶盘边缘对于发动机气流动力性能影响极大，因此抛光方法的优越性主要体现在叶片的进排气边的加工上。整体叶盘在精密铣削以后由于残余应力等影响存在变形，当变形的数量级与叶片进排气边厚度在同一量级时，误差达到 0.1 mm 以上，这超出了航空叶片一般型面空间误差(0.05 mm)，必须予以修正。原始边缘在变形以后如图 4.5(a)所示，对于常规加工只能沿着理论型线进行，难以实现变形随形，如图 4.5b 所示，加工以后就容易出现如图 4.5(e)所示的误差。而具有弹性特性的砂带磨削却能很好地适应变形，从而保证整体叶盘边缘精度要求。

目前所采用的加工方法极易造成叶片边缘出现削边[图 4.6(a)～(d)]、平头[图 4.6(e)、(f)]、缩颈[图 4.6(g)、(h)]、尖头[图 4.6(j)、(k)]、钝头[图 4.6(i)]、偏头等型面误差。图中红色表示公差带范围，黑色表示实际边缘轮廓，绿色表示理论轮廓，通过图上可以看出，虽然叶片型面精度在误差范围以内，但是其仍然无法满足真实边缘型面的要求，从而严重影响航空发动机气流动力性能。如图 4.7(a)所示，在精锻叶片装夹完成以后，通过柔性轮型模具的高速旋转(ω)，产生砂带磨削线速度(v_s)，根据钛合金开式砂带参数化数学模型结合叶片待磨削边缘的数据重构，在压力 F、弹性力 F_E 以及离心力 F_ω 的共同作用下确定单次磨削量，由于边缘磨削一方面必须精确去除余量保证型面精度要求，另一方面必须适应边缘的变形，避免破坏边缘型线，从而出现上文所述的误差，最终实现对叶片真实 R 边缘的磨削加工。

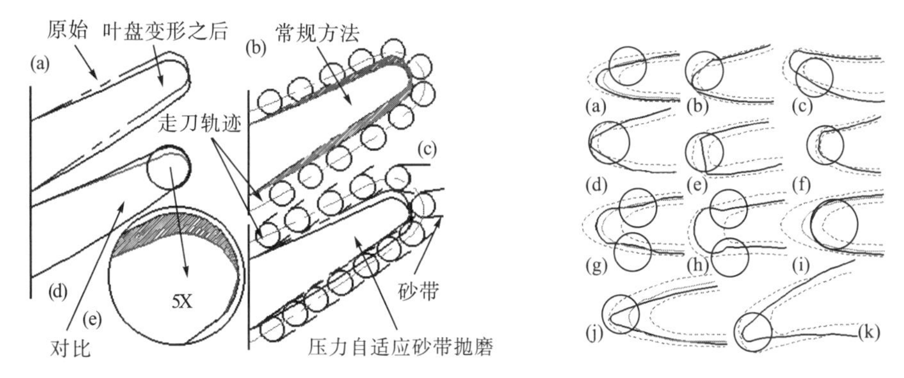

图 4.5　整体叶盘边缘误差形成分析(见附图)　图 4.6　整体叶盘边缘典型型面误差(见附图)

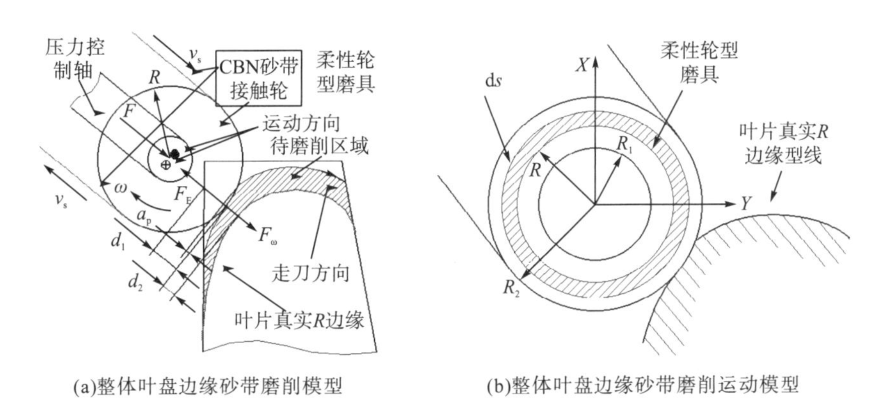

(a)整体叶盘边缘砂带磨削模型　(b)整体叶盘边缘砂带磨削运动模型

图 4.7　整体叶盘边缘砂带磨削工艺分析(见附图)

如图 4.7(b)所示为整体叶盘边缘砂带磨削运动模型，通过受力分析可以得到：

$$F_n = F + F_\omega - F_E \tag{4.1}$$

另外，可以得到：

$$\begin{cases} \mathrm{d}s = \pi R^2 \mathrm{d}R \\ \mathrm{d}V = B\mathrm{d}s \\ \mathrm{d}m = \rho \mathrm{d}V \\ \mathrm{d}F_\omega = \omega^2 R \mathrm{d}m \end{cases}$$

式中，R 为接触轮半径；B 为接触轮宽度；ρ 为接触轮密度；ds、dV、dm 分别为接触变形区域面积、体积、质量微元。

由此可以得到：

$$\mathrm{d}F_{\omega} = \omega^2 \rho B \pi R^3 \mathrm{d}R$$

根据积分可以得到：

$$F_{\omega} = \int_{R_1}^{R_2} \omega^2 \rho B \pi R^3 \mathrm{d}R = \frac{1}{4}\omega^2 \rho B \pi (R_2^2 - R_1^2) \tag{4.2}$$

根据刚性圆柱体和弹性半空间的接触力理论可以得到：

$$F_{\mathrm{E}} = \frac{1}{4}\pi E B x \tag{4.3}$$

式中，x 为变形量。

根据式(4.2)和式(4.3)可以看出，为了实现对切削力的控制，实现当量磨削，当 $F_{\omega}=F_{\mathrm{E}}$ 时，$F_{\mathrm{n}}=F$，由此可以得到：

$$x = \frac{\rho}{E}(R_2^2 - R_1^2)\omega^2$$

设 $\mu_{\mathrm{D}} = \frac{\rho}{E}(R_2^2 - R_1^2)$，为当量磨削系数，此时：

$$x = \mu_D \omega^2$$

根据微进给量的磨削过程，可以设定：

$$x = a_{\mathrm{p}}$$

由此可以得到：

$$a_{\mathrm{p}} = \mu_{\mathrm{D}} \omega^2 \tag{4.4}$$

在 $\omega=\omega_{\mathrm{D}}$ 的情况下，当 $a_{\mathrm{p}}=a_{\mathrm{pD}}$ 时，满足 $a_{\mathrm{pD}}=\mu_{\mathrm{D}}\omega_{\mathrm{D}}^2$，$F_{\omega}=F_{\mathrm{E}}$，$F_{\mathrm{n}}=F$，可以通过压力的精确控制实现当量磨削，此时数据在当量磨削控制线上；当 $a_{\mathrm{p}}>a_{\mathrm{pD}}$ 时，此时 $a_{\mathrm{p}}>\mu_{\mathrm{D}}\omega_{\mathrm{D}}^2$，$F_{\omega}<F_{\mathrm{E}}$，$F_{\mathrm{n}}<F$，由于弹性变形，法向压力减小，最小磨削深度降低，有利于维持型面精度；当 $a_{\mathrm{p}}<a_{\mathrm{pD}}$ 时，$a_{\mathrm{p}}<\mu_{\mathrm{D}}\omega_{\mathrm{D}}^2$，$F_{\omega}>F_{\mathrm{E}}$，$F_{\mathrm{n}}>F$，具有强力砂带磨削的特性，最小磨削深度升高，容易造成型面精度的不足。

在 $a=a_{\mathrm{pD}}$ 的情况下，当 $\omega=\omega_{\mathrm{D}}$ 时，满足 $a_{\mathrm{pD}}=\mu_{\mathrm{D}}\omega_{\mathrm{D}}^2$，$F_{\omega}=F_{\mathrm{E}}$，$F_{\mathrm{n}}=F$，可以通过压力的精确控制实现当量磨削，此时数据在当量磨削控制线上；当 $\omega > \omega_{\mathrm{D}}$ 时，此时 $a_{\mathrm{pD}}<\mu_{\mathrm{D}}\omega_{\mathrm{D}}^2$，$F_{\omega}>F_{\mathrm{E}}$，$F_{\mathrm{n}}>F$，具有强力砂带磨削的特性，最小磨削深度升高，容易造成型面精度的损坏；当 $\omega=\omega_{\mathrm{D}}$ 时，此时 $a_{\mathrm{p}}>\mu_{\mathrm{D}}\omega_{\mathrm{D}}^2$，$F_{\omega}<F_{\mathrm{E}}$，$F_{\mathrm{n}}<F$，由于弹性变形，法向压力减小，最小磨削深度降低，有利于维持型面精度。

从以上分析可以看出，针对小余量整体叶盘边缘要避免出现强力砂带磨削，因为在强力砂带磨削区域磨削量难以精确控制，容易造成边缘受力变形而影响磨削精度，因此应根据该控制方法进行控制，采用当量柔性复合磨削方法实现整体叶盘边缘的精密加工。

4. 整体叶盘叶片根部砂带磨削工艺方案

叶根与边缘过渡区曲率半径 R 小且叶片间距小，磨具系统可达性差，从而整体叶盘抛光过程中磨具极易与叶片发生干涉。由此，整体叶盘叶根及流道面的精密抛光是目前的盲区，加工效率低，难以实现整体叶盘全型面自动化抛光。在开式砂带磨削加工中采用的研磨带具有布基薄、柔曲度大等特性，在砂带磨削的磨具系统(belt grinder modular, BGM)中，能够采用常规砂带难以达到的小曲率半径接触轮，解决了砂带磨削时接触轮不能过小的难题，实现了叶根圆角小曲率半径磨削加工。

如图 4.8 所示为整体叶盘叶根砂带磨削工艺简图，从图上可以看出，叶根的余量是分布不均匀的，且在根部中心位置余量最大，为了保证叶根的精度，其磨削工艺规划应采用先磨削中心部位再分别对两边磨削的方法，避免出现锐角等缺陷。为了实现叶根的磨削，接触轮的直径都很小，最小达到了 2.5 mm，在磨削过程中极易发生磨损，而研制自冷却系统的接触轮，是实现叶根磨削的关键技术之一。同时可以看出，由于根部磨削过程中空间位置小，磨削热难以迅速散发，容易造成磨削热的集中而对表面质量造成影响，因此在磨削的过程中必须采用冷却方法，合理配置冷却角度 θ，实现最优冷却。由于根部是叶片受力载荷最大的部位，也是疲劳受损最严重的部位，因此在根部加工过程中通过路径的规划形成有利于疲劳的纵向纹理，提高叶片疲劳寿命。

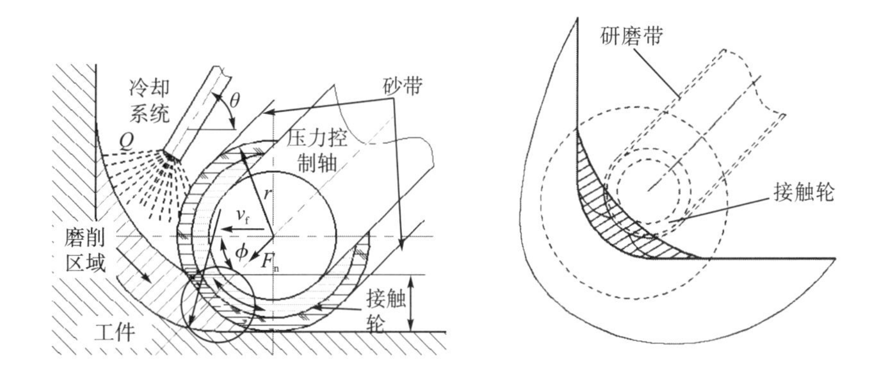

图 4.8 整体叶盘叶根砂带磨削工艺分析

5. 整体叶盘流道面砂带磨削工艺方案

整体叶盘是由转轮毂面为主体周向分部复杂型面的岛屿凸台，而转轮毂面与周围的叶片就构成了整体叶盘流道面，其型面精度及表面质量对气流交换效率影响巨大。

如图 4.9(a)所示为整体叶盘流道面砂带磨削工艺简图，流道面区域由空间自由曲面构成，容刀空间狭窄，磨削过程中叶片与 BGM 极易发生干涉，如图中的磨削区域 A 所示。图 4.9(b) 为流道面砂带磨削过程中的受力分析，由于 $F_n' = F\cos\beta$，因此在磨削过程中为了保证轴向力 F_n' 等于设定的理论轴向力 F_n，则可以得到施加力 F 与 BGM 的摆动角度 β 的关系：

$$F = \frac{F_n}{\cos\beta} \tag{4.5}$$

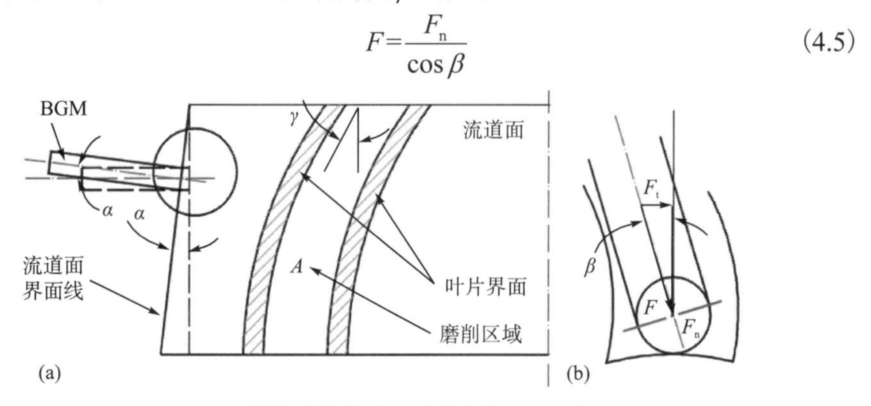

图 4.9 整体叶盘流道面砂带磨削工艺分析

同时，根据流道面型面特性，在砂带磨削过程中还需要使 X 轴旋转 α 角度，Z 轴旋转 γ 角度，保证砂带与工件的最佳接触。

4.1.2 整体叶盘开式砂带精密磨削控制原理

在砂带磨削过程中，砂带与工件型面的接触轴向压力对材料去除和表面质量的影响很大，因此可以通过轴向压力的控制来实现砂带磨削的精密去除[161]，如图 4.10 所示。

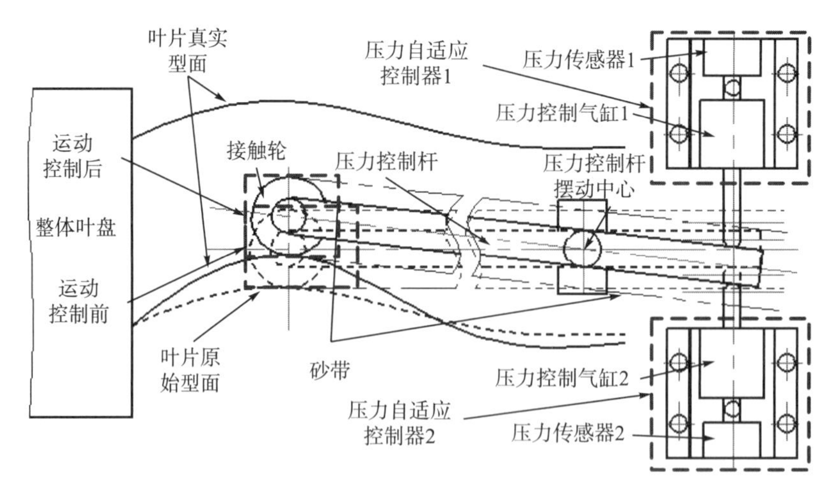

图 4.10 压力自适应控制砂带磨削示意图

但是对于狭小空间的整体叶盘型面的砂带精密磨削，只能通过侧向接触的磨削方式实现整体叶盘全型面磨削。因此，传统的轴向压力控制方法难以实现侧面接触磨削压力的精确控制。由于在整体叶盘砂带磨削过程中，机床运动精度、接触压力引起叶片挠度变形、整体叶盘型面变形和检测精度等综合误差都会影响砂带与整体叶盘型面接触的接触压力，从而直接影响整体叶盘砂带磨削型面精度和表面质量。由此提出采用双压力自适应控制的方法来实现整体叶盘侧面接触砂带磨削的在线补偿。

如图 4.10 所示，当整体叶盘型面发生综合误差的时候，整体叶盘型面与砂带的接触压力就会发生变化，力通过压力控制杆传递给上下两个压力自适应控制器。压力自适应控制器的压力传感器接收到信号以后，根据接触压力控制精度要求，通过微位移气缸的微位移运动，调整上下压力差，从而适应整体叶盘叶片型面的综合误差，保证砂带通过接触轮与整体叶盘型面接触的压力大小，实现面向整体叶盘叶片型面变形的压力自适应抛磨加工。

图 4.11 所示为压力自适应砂带抛磨局部图。如图 4.11(a)所示，当综合误差为正时，实际叶片型面 5 在理论叶片型面 4 之上，此时理论接触压力 F 与实际接触压力 F_1 不等且相交角度为 $\Delta\gamma$，而通过压力自适应控制杆的运动控制，保证调整后的压力方向始终为法线方向，且压力大小与理论压力相等，实现了叶片综合正误差的压力自适应抛磨；当叶片型面综合误差为负时，如图 4.11(b)所示，实际叶片型面 5 在理论叶片型面 4 之下，此时理论上无法与叶片接触，而通过压力自适应控制杆的运动控制，保证砂带与叶片始终接触，实现了叶片综合负误差的压力自适应抛磨加工。

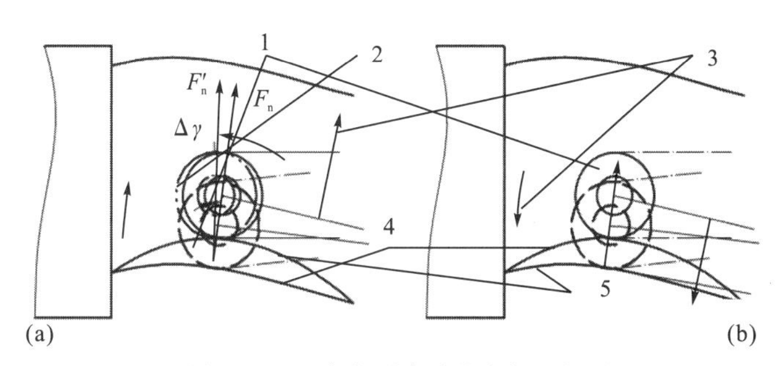

图 4.11　压力自适应砂带磨削局部图

1. 理论接触; 2. 实际接触; 3. 微变形后的运动; 4. 叶片理论型线; 5. 叶片实际型线

在整体叶盘的砂带抛磨过程中，为了实现整体叶盘全型面的精密磨削抛光，自适应叶盘叶片型面的误差，首先通过机床的六轴联动实现磨削运动的精确定位，根据叶片余量分布以及赫兹接触理论确定理论磨削压力，同时根据压力控制杆的压力传感器实时测量砂带抛磨过程中的各点接触压力并与理论接触压力对比，根据弹性接触原理进行接触压力重构计算，得到叶片误差量；然后根据微位移运动方程确定微位移运动控制量，通过改变比例阀的压力输出来控制气缸动作，实现压力自适应控制杆的运动控制，保证砂带与叶片型面在各点的接触压力始终在法线方向；最后通过精确的压力控制保证各点的接触压力与理论压力相等。压力自适应砂带磨削控制逻辑如图 4.12 所示。

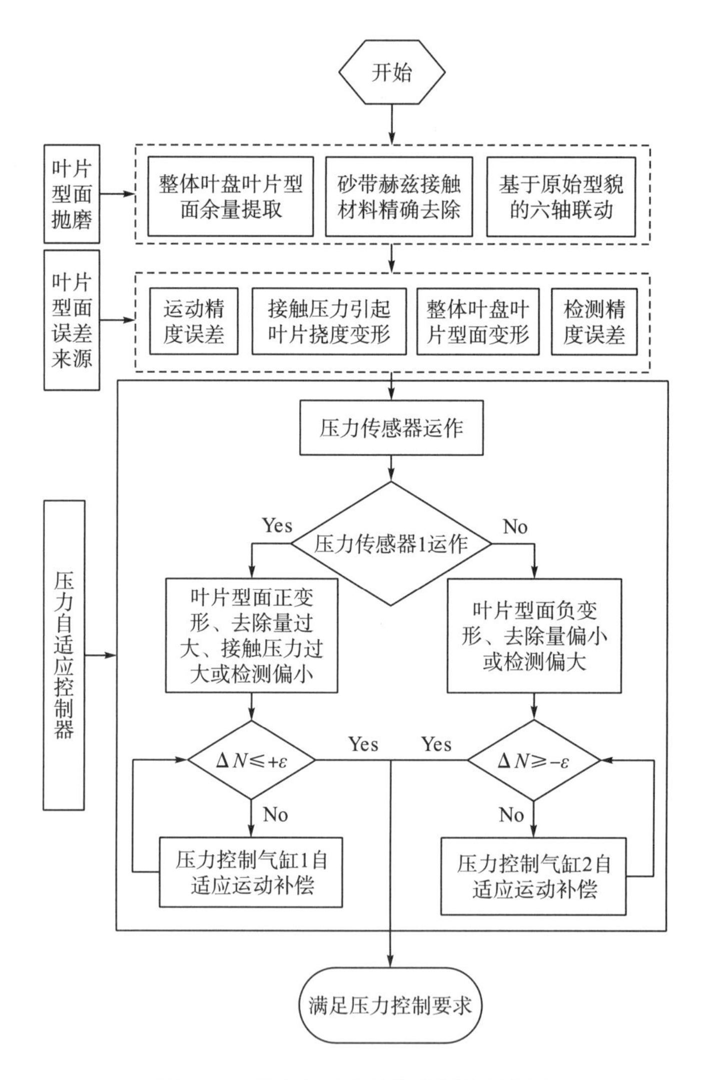

图 4.12　压力自适应砂带磨削控制框图

通过上面的分析可以看出，在整体叶盘砂带磨削过程中，为了保证接触压力大小及方向恒定，这里需要控制理论接触压力 F_n 与实际接触压力 F_n' 之间的角度

$\Delta\gamma$ 和压力差 $\Delta F_{\mathrm{n}} = F_{\mathrm{n}} - F_{\mathrm{n}}'$ 的精度，其中理论接触压力 F_{n} 主要根据型面余量分布再结合砂带磨削参数化数学模型确定，而压力理论方向根据最佳接触模型确定，一般与型面法线方向平行，但是为了方便控制，这里定义 $\Delta N = F_2 - F_1$ 来控制接触压力误差。为了计算上述两个参数，建立了压力自适应砂带磨削受力分析图，如图 4.13 所示。如图 4.13(a)所示，通过控制上下压力自适应控制器的 F_1 和 F_2 的差值来控制砂带与工件的接触压力 F_{n}，从而适应整体叶盘的综合误差 δ，该系统包含了压力控制杆前后端的重力 $G_2=m_2g$ 和 $G_3=m_3g$、接触轮系统的重力 $G_1=m_1g$、切向力 F_{t}，砂带的张力 T_1 和 T_2。

如图 4.13(b)所示为在整体叶盘型面发生综合误差 δ 的情况下，整体叶盘砂带磨削的受力情况，A 状态为整体叶盘综合误差为正的情况下砂带磨削系统的受力情况，B 状态为整体叶盘综合误差为负的情况下砂带磨削系统的受力情况。本书主要对 A 状态进行分析。当发生 A 状态的时候，压力控制杆有顺时针方向运动的趋势，而压力传感器 2 发生变形，可以检测到此时综合误差 $\delta>0$，根据其变形量来提高压力自适应控制器 1 的气缸压力，由此可以得到：

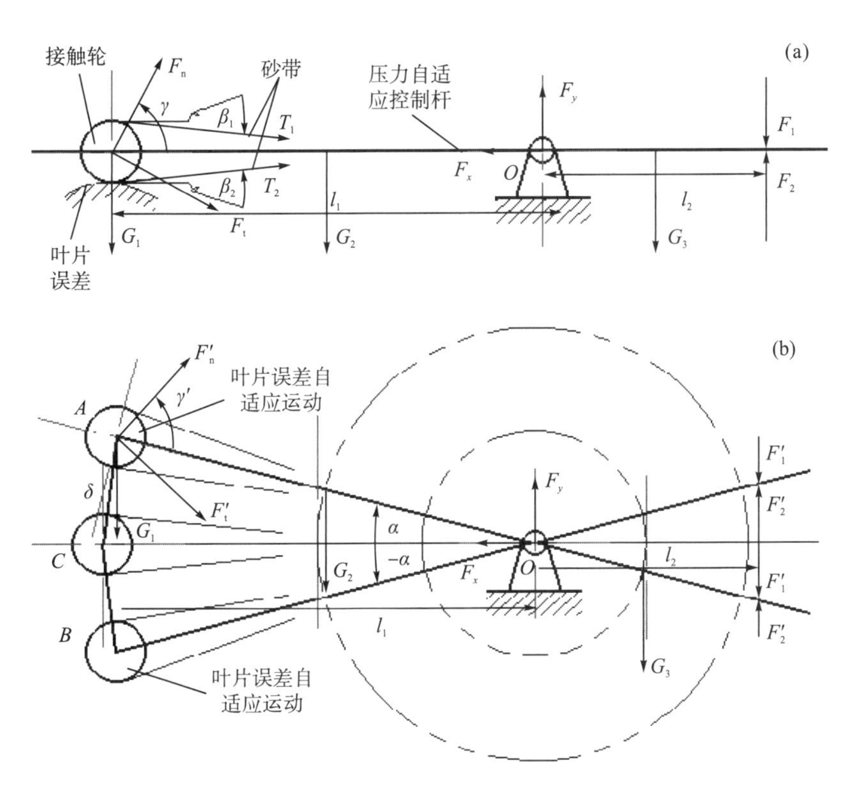

图 4.13　压力自适应砂带磨削受力分析

$$
\begin{aligned}
&(G_1+\frac{1}{2}G_2)l_1\cos\alpha+(F_2'-F_1'-\frac{1}{2}G_3)l_2\cos\alpha+F_t'l_1\cos\gamma'-F_n'l_1\sin\gamma' \\
&+(T_1\cos\beta_1-T_2\cos\beta_2)r+(T_2\sin\beta_2-T_1\sin\beta_1)l_1=0
\end{aligned}
\tag{4.6}
$$

通常情况下，T_1=T_2，β_1=β_2，同时，$\frac{F_t}{F_n}=\lambda$，λ=0.33～0.65，由此可以得到：

$$
(G_1+\frac{1}{2}G_2)l_1\cos\alpha+(F_2'-F_1'-\frac{1}{2}G_3)l_2\cos\alpha+\lambda F_n'l_1\cos\gamma'-F_n'l_1\sin\gamma'=0 \tag{4.7}
$$

$$
F_n'=\frac{G_1+\frac{1}{2}G_2-\frac{l_2}{2l_1}G_3+(F_2'-F_1')\frac{l_2}{l_1}}{\sin\gamma'-\lambda\cos\gamma'}\cos\alpha \tag{4.8}
$$

在 ΔAOC 中，可以得到：

$$
\begin{cases}
\sin\frac{\alpha}{2}=\frac{\delta}{2l_1} \\
\cos\alpha=1-\frac{\delta^2}{2l_1^2}
\end{cases}
\tag{4.9}
$$

将式(4.9)代入式(4.8)，可以得到：

$$
F_n'=\left[G_1+\frac{1}{2}G_2-\frac{l_2}{2l_1}G_3+(F_2'-F_1')\frac{l_2}{l_1}\right]\frac{(1-\frac{\delta^2}{2l_1^2})}{\sin\gamma'-\lambda\cos\gamma'} \tag{4.10}
$$

由于 $\Delta N=F_2$□ F_1，则：

$$
F_n'=\left[G_1+\frac{1}{2}G_2-\frac{l_2}{2l_1}G_3+\Delta N\frac{l_2}{l_1}\right]\frac{(1-\frac{\delta^2}{2l_1^2})}{\sin\gamma'-\lambda\cos\gamma'} \tag{4.11}
$$

根据等式可以看出，为了增加误差灵敏度，这里可以减小 l_1 的长度，由此可以根据式(4.11)进行仿真。

如图 4.14 所示为综合误差和压力自适应控制量对轴向压力的影响规律。如图 4.14(a)所示为综合误差对轴向压力的影响，可以看出在不同的压力控制量下，综合误差量对轴向压力影响不大，然而轴向压力对磨削量的影响很大，这就加大了压力的控制难度，因此必须有精确计算轴向压力的控制方法。如图 4.14(b)所示，在不同的误差下，轴向压力与压力控制量成正比关系，因此可以很好地利用该规律进行精确控制。

如图 4.15 所示为综合误差和压力自适应控制量对压力值的影响规律。如图 4.15(a)所示为综合误差对压力差值的影响规律，可以看出不同的压力控制量对应的误差是不一样的，且随着压力控制量的增加而增加。如图 4.15(b)所示为压力自适应控制量对压力差值的影响规律，可以看出压力差值与压力自适应控制量成正比关系。

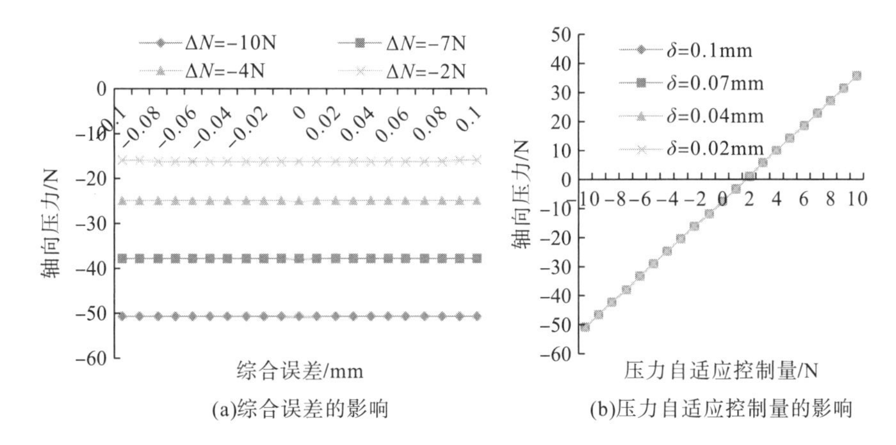

(a)综合误差的影响　(b)压力自适应控制量的影响

图 4.14　轴向压力的变化规律

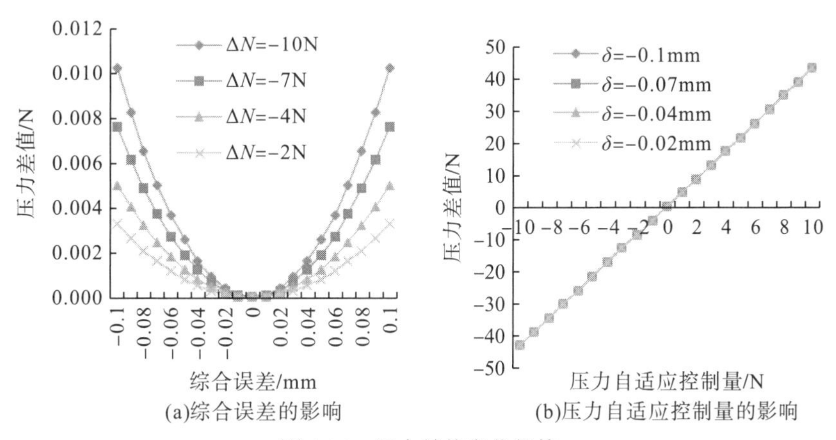

(a)综合误差的影响　(b)压力自适应控制量的影响

图 4.15　压力差值变化规律

同时根据式(4.11)可以看出，在综合误差 $\delta=0$ 的情况下，砂带磨削过程中的轴向力的接触角度 $\gamma'=\pi/2$，此时可以得到常规磨削过程中的轴向力与压力自适应控制力之间的关系：

$$F_{\mathrm{n}}=G_1+\frac{1}{2}G_2-\frac{l_2}{2l_1}G_3+\Delta N\frac{l_2}{l_1} \tag{4.12}$$

这里定义轴向力控制误差 $\Delta\varepsilon_{\mathrm{F}}=F_{\mathrm{n}}$□ F_{n}'，根据式(4.11)和式(4.12)可以得到：

$$\Delta\varepsilon_{\mathrm{F}}=\left[G_1+\frac{1}{2}G_2-\frac{l_2}{2l_1}G_3+\Delta N\frac{l_2}{l_1}\right]\left(1-\frac{\left(1-\dfrac{\delta^2}{2l_1^2}\right)}{\sin\gamma'-\lambda\cos\gamma'}\right) \tag{4.13}$$

在实际的磨削过程中，$F_{\mathrm{n}}=10\mathrm{N}$，□0.03mm$\leqslant\delta\leqslant$0.05mm，由于接触角度 $\pi/2-\Delta\gamma\leqslant\gamma'\leqslant\pi/2+\Delta\gamma$，其中 $\Delta\gamma=\pi/20$，由此可以根据式(4.12)得到轴向力控制

误差范围为□0.73N≤$\Delta\varepsilon_F$≤0.42N，为了工程化应用，这里定义轴向力实际控制误差为-1N≤$\Delta\varepsilon_F$≤0.5N。

4.1.3 整体叶盘六轴联动砂带磨削原理

整体叶盘叶片型面是一种复杂的空间自由曲面，通常不能用常规初等几何曲面来表示，在几何造型中常用 Coons、Bezier 和 B 样条曲面等数学方法来表示它们。复杂曲面的加工一直都是机械加工的难题之一，常用的切削加工在曲面成形加工中应用虽然十分广泛，但其效率和所获得的曲面表面质量却不高。

从自由曲面成形理论来讲，叶片铣削加工时为了获得准确的型面，刀具轴线需要位于被加工点的法矢量点，这是五轴加工的原理。但是对于砂带磨削就不适用了，由于砂带的宽度原因，砂带与叶片表面是线接触，为了获得准确的型面，必须同时控制接触线的矢量方向。

如图 4.16 所示，dB 为最小接触宽度，除了沿着 X、Y、Z 轴直线运动以外，必须还要有对应偏转 α、β、γ 角度的旋转运动。如图 4.16(a)所示，为了避免干涉和压力控制，必须有一个绕 Y 轴偏转 β 角的旋转运动；如图 4.16(b)所示，曲面的运动进给为 U 向，当在 V 向的时候由于曲面曲率半径的变化 BGM 必须有一个绕 X 轴偏转 α 角的旋转运动；如图 4.16(c)所示，在 U 向的运动过程中，由于曲面的扭曲，BGM 必须有一个绕 Z 轴偏转 γ 角的旋转运动。因此，叶片砂带磨削加工必须采用法矢量和砂带接触线双矢量控制技术，通过六轴联动实现叶片数控砂带磨削运动。

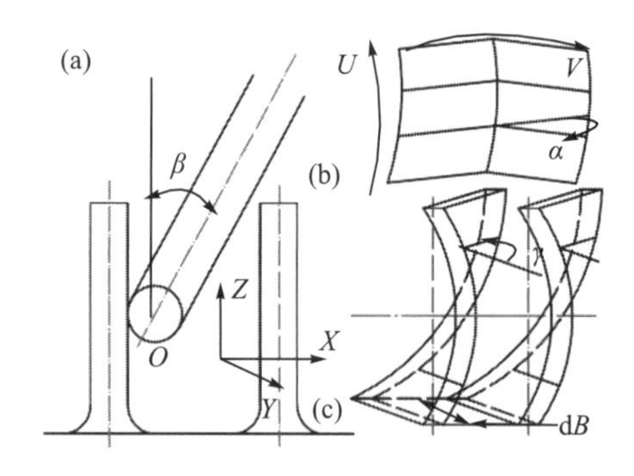

图 4.16 整体叶盘六轴联动砂带磨削原理

在整体叶盘砂带磨削过程中，设定接触轮中心线和接触轮中间平面的交点为 $\boldsymbol{O}(\xi)$ 动点，决定动点坐标位置的参数变量值为 ξ，对于任一复杂曲线，在六坐标空间中，可以表示为

$$\boldsymbol{O}(\xi)=x(\xi)\boldsymbol{i}+y(\xi)\boldsymbol{j}+z(\xi)\boldsymbol{k}+\alpha(\xi)\boldsymbol{\varsigma}+\beta(\xi)\boldsymbol{\tau}+\gamma(\xi)\boldsymbol{\upsilon} \tag{4.14}$$

式中，$\boldsymbol{i}$、$\boldsymbol{j}$、$\boldsymbol{k}$ 为空间笛卡尔坐标系中三个垂直于坐标 X、Y、Z 的单位向量；$\boldsymbol{\varsigma}$、$\boldsymbol{\tau}$、$\boldsymbol{\upsilon}$ 为绕 X、Y、Z 回转轴 A、B、C 方向上的单位向量；$x(\xi)$、$y(\xi)$、$z(\xi)$、$\alpha(\xi)$、$\beta(\xi)$、$\gamma(\xi)$ 为动点 $\boldsymbol{O}(\xi)$ 分别在六个坐标轴上的坐标值。设定 r_{yz}、r_{zx}、r_{xy} 分别为动点绕 X、Y、Z 的回转半径，θ_y、θ_z、θ_x 分别为 r_{yz}、r_{zx}、r_{xy} 与 Y、Z、X 的夹角。

由曲线可以看出，三直线坐标值 $x(\xi)$、$y(\xi)$、$z(\xi)$ 决定动点的空间位置，其值相互独立，而三回转坐标值 $\alpha(\xi)$、$\beta(\xi)$、$\gamma(\xi)$ 决定动点的空间位置时与三直线坐标值有关，$\alpha(\xi)$ 为弧度值，其回转半径 r_{yz} 与动点 Y、Z 轴坐标 $y(\xi)$、$z(\xi)$ 及机床的结构参数有关，可表示为

$$r_{yz}=f_{yz}(x(\xi),z(\xi))$$

同理可以得到：

$$r_{zx}=f_{zx}(z(\xi),x(\xi))，\quad r_{xy}=f_{xy}(x(\xi),y(\xi))$$

对于回转轴 A、B、C，其回转线速度 v_α、v_β、v_γ 与回转角速度 $\dfrac{\mathrm{d}\alpha(\xi)}{\mathrm{d}t}$、$\dfrac{\mathrm{d}\beta(\xi)}{\mathrm{d}t}$、$\dfrac{\mathrm{d}\gamma(\xi)}{\mathrm{d}t}$ 之间的关系为

$$v_\alpha=\frac{\mathrm{d}\alpha(\xi)}{\mathrm{d}t}r_{yz}，\quad v_\alpha=\frac{\mathrm{d}\beta(\xi)}{\mathrm{d}t}r_{zx}，\quad v_\alpha=\frac{\mathrm{d}\gamma(\xi)}{\mathrm{d}t}r_{xy} \tag{4.15}$$

现对空间曲线进行插补运算，先从动点的速度关系入手，将动点 $\vec{O}(\xi)$ 对时间求导，可以得到动点的瞬时速度：

$$v=\left|\frac{\mathrm{d}\boldsymbol{O}(\xi)}{\mathrm{d}t}\right|=\left|\frac{\mathrm{d}\boldsymbol{O}(\xi)}{\mathrm{d}\xi}\right|\cdot\frac{\mathrm{d}\xi}{\mathrm{d}t} \tag{4.16}$$

由此，对式(4.14)两边求导，可以得到：

$$\frac{\mathrm{d}\boldsymbol{O}(\xi)}{\mathrm{d}\xi}=\frac{\mathrm{d}x(\xi)}{\mathrm{d}\xi}\boldsymbol{i}+\frac{\mathrm{d}y(\xi)}{\mathrm{d}\xi}\boldsymbol{j}+\frac{\mathrm{d}z(\xi)}{\mathrm{d}\xi}\boldsymbol{k}+\frac{\mathrm{d}\alpha(\xi)}{\mathrm{d}\xi}\boldsymbol{\varsigma}+\frac{\mathrm{d}\beta(\xi)}{\mathrm{d}\xi}\boldsymbol{\tau}+\frac{\mathrm{d}\gamma(\xi)}{\mathrm{d}\xi}\boldsymbol{\upsilon}$$

根据式(4.16)可以得到：

$$\left|\frac{\mathrm{d}\boldsymbol{O}(\xi)}{\mathrm{d}\xi}\right|=\sqrt{\begin{aligned}&(x'+\beta' r_{zx}\cos\theta_z-\gamma' r_{xy}\sin\theta_x)^2+(y'+\gamma' r_{xy}\cos\theta_x-\alpha' r_{yz}\sin\theta_y)^2\\&+(z'+\alpha' r_{yz}\cos\theta_y-\beta' r_{zx}\sin\theta_z)^2\end{aligned}}$$

其中：

$$x'=\frac{\mathrm{d}x(\xi)}{\mathrm{d}\xi}，\quad y'=\frac{\mathrm{d}y(\xi)}{\mathrm{d}\xi}，\quad z'=\frac{\mathrm{d}z(\xi)}{\mathrm{d}\xi}，\quad \alpha'=\frac{\mathrm{d}\alpha(\xi)}{\mathrm{d}\xi}，\quad \beta'=\frac{\mathrm{d}\beta(\xi)}{\mathrm{d}\xi}，\quad \gamma'=\frac{\mathrm{d}\gamma(\xi)}{\mathrm{d}\xi}$$

由于加工过程中进给速度 v 由指令给出，所以式(4.16)可以变为

$$\frac{\mathrm{d}\xi}{\mathrm{d}t}=v\bigg/\left|\frac{\mathrm{d}\boldsymbol{O}(\xi)}{\mathrm{d}\xi}\right| \tag{4.17}$$

对式(4.17)求导，可以得到：

$$\frac{\mathrm{d}^2\xi}{\mathrm{d}t^2}=-v\frac{\left|\frac{\mathrm{d}\boldsymbol{O}(\xi)}{\mathrm{d}\xi}\right|}{\mathrm{d}p}\frac{\mathrm{d}p}{\mathrm{d}t}\Big/\left|\frac{\mathrm{d}\boldsymbol{O}(\xi)}{\mathrm{d}\xi}\right|^2$$

令 $\frac{\mathrm{d}^2\boldsymbol{O}(\xi)}{\mathrm{d}\xi^2}=\frac{\left|\frac{\mathrm{d}\boldsymbol{O}(\xi)}{\mathrm{d}\xi}\right|}{\mathrm{d}p}$，代入上式就可以得到：

$$\frac{\mathrm{d}^2\xi}{\mathrm{d}t^2}=-v\frac{\mathrm{d}^2\boldsymbol{O}(\xi)}{\mathrm{d}\xi^2}\Big/\left|\frac{\mathrm{d}\boldsymbol{O}(\xi)}{\mathrm{d}\xi}\right|^3 \tag{4.18}$$

在数控参数插补中，设定时间 $t=t_i$ 时参数 $\xi=\xi_i$，对应第 i 插补点位 $\vec{O}_i=\vec{O}(\xi_i)$，插补周期为 $T_i=\Delta t_i=t_{i+1}$□t_i，由于插补周期 Δt_i 很小，根据二阶泰勒级数表达式可求出第 $i+1$ 插补点的参数近似为

$$\xi_{i+1}=\xi_i+\frac{\mathrm{d}\xi}{\mathrm{d}t}\Big|_{t=t_i}\Delta t_i+\frac{1}{2}\frac{\mathrm{d}^2\xi}{\mathrm{d}t^2}\Big|_{t=t_i}\Delta t_i^2 \tag{4.19}$$

将式(4.19)代入参数曲线方程(4.14)可以求出下一个插补点 $\boldsymbol{O}_{i+1}=\boldsymbol{O}(\xi_{i+1})$ 的 6 个坐标值，实现细小线段 $\overline{\xi_i\xi_{i+1}}$ 拟合空间曲线 $\widehat{\xi_i\xi_{i+1}}$，确保插补过程的进给速度。

4.1.4 整体叶盘型面砂带磨削最优接触方法

接触轮具有张紧砂带、施加磨削力的作用，对复杂曲面型面精度及表面质量影响巨大。接触轮一般由钢、铝为轮芯，外表附以硬质橡胶，在复杂曲面磨削过程中，由于施加磨削压力而导致接触轮变形，如图 4.17(a)所示。在复杂曲面砂带磨削过程中，砂带与复杂曲面的接触并非常规的点接触或线接触，而属于面接触，且在接触面上接触压力是不均匀分布的，如图 4.17(b)所示。从图 4.17(b)可以看出，砂带与工件在接触面积上边缘的接触压力较小，这样更能适应复杂曲面高曲率突变，减小上述常规刀具干涉过程中过切干涉的发生。因此，砂带磨削具有复杂曲面弹性随形的磨削特性，可以在曲面型面平滑过渡方面有很好的拟合效果，尤其适用于弱刚性复杂曲面的精密加工，保证复杂曲面截形精度及其表面完整性。

在磨削加工过程中，当接触轮在切触点处的轴线方向指向切触点所在位置的最小主曲率方向时，此刻的接触轮与被加工曲面的契合程度最高。通过定义曲面上某一个点，过此点做无数曲线去截取型面，得到一组截交线，然后对比截交线在此点的法曲率值，规定它的极限值所指向的方向为主方向(图 4.18)。注意：非脐点处具有两个主方向，一个为最大主曲率，一个为最小主曲率。

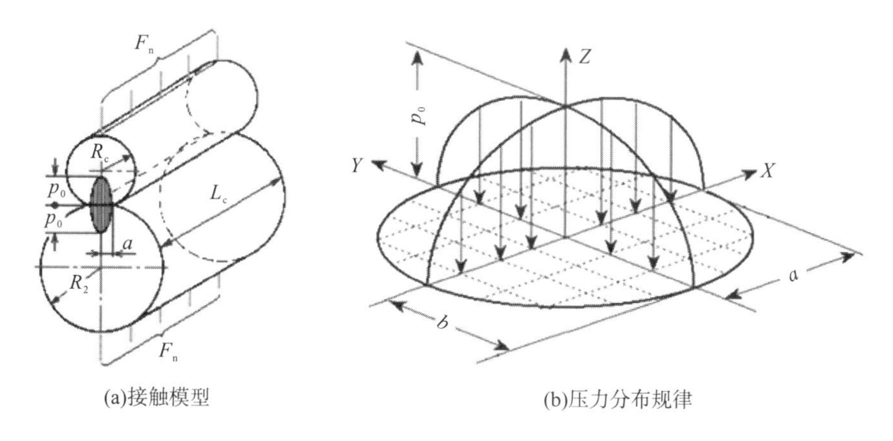

(a)接触模型　(b)压力分布规律

图 4.17　砂带磨削接触及压力分布规律

图 4.18 中，P 为刀触点，O 为接触轮刀位点，O_1O_2 为接触轮中心线，刀触点 P 处叶片型面的最大最小主曲率方向分别为 AA 为 BB。经分析可知，可以通过分析截交线的曲率来确定砂带接触轮的轴线方向，即法曲率。

若给定曲面 S：$\boldsymbol{R}=\boldsymbol{R}(U,V)$ 上点 P 处的一个切线方向 $\mathrm{d}U/\mathrm{d}V$，并设 n 为曲面在点 P 处的单位法矢：把 n 和 $\mathrm{d}U/\mathrm{d}V$ 定义的平面称为法截面，如图 4.18 所示。

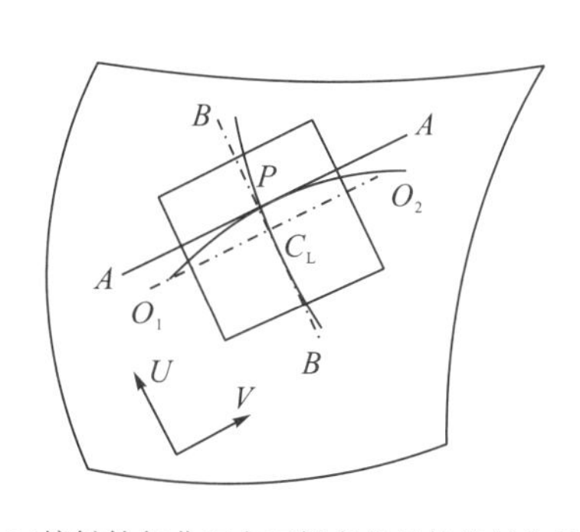

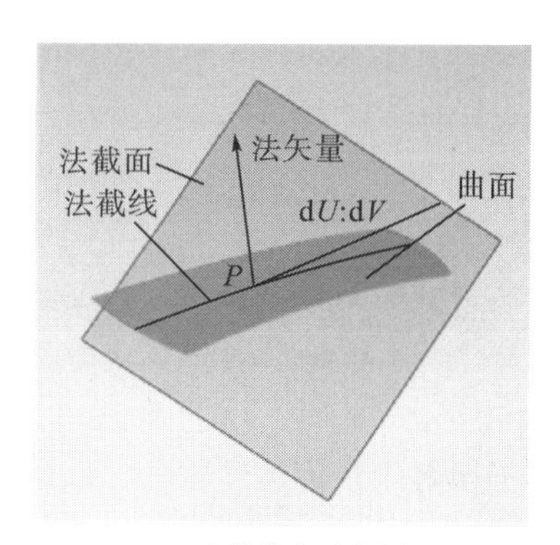

(a)接触轮与曲面在刀触点的最佳接触位置　(b)法线曲率示意图

图 4.18　砂带磨削最佳接触分析

曲面点 P 处的一个切线方向 $\mathrm{d}U/\mathrm{d}V$ 上的法曲率 k_n 为

$$\begin{aligned}k_{\mathrm{n}}&=\frac{1}{\rho_{\mathrm{n}}}=\frac{L\mathrm{d}U^2+2M\mathrm{d}U\mathrm{d}V+N\mathrm{d}V^2}{d_s^2}\\&=\frac{L\mathrm{d}U^2+2M\mathrm{d}U\mathrm{d}V+N\mathrm{d}V^2}{E\mathrm{d}U^2+2F\mathrm{d}U\mathrm{d}V+G\mathrm{d}V^2}\end{aligned}\tag{4.20}$$

式中，E、F、G 为第一类基本量；L、M、N 为第二类基本量。

设 $\lambda=\dfrac{\mathrm{d}U}{\mathrm{d}V}$，把它代入式(4.20)，可得

$$k_{\mathrm{n}}=\frac{L\lambda^2+2M\lambda+N}{E\lambda^2+2F\lambda+G}$$

式中，k_{n} 与 λ 是函数的关系，如若存在极值，那么 k_{n} 对 λ 求导必为零，即

$$\left(E+2F\lambda+G\lambda^2\right)\left(M+N\lambda\right)-\left(L+2M\lambda+N\lambda^2\right)\left(F+G\lambda\right)=0$$

又因为：

$$\begin{cases} E+2F\lambda+G\lambda^2=\left(E+F\lambda\right)+\lambda(F+G\lambda) \\ L+2M\lambda+N\lambda^2=\left(L+M\lambda\right)+\lambda\left(M+N\lambda\right) \end{cases} \tag{4.21}$$

于是有

$$\left(E+F\lambda\right)\left(M+N\lambda\right)-\left(L+M\lambda\right)\left(F+G\lambda\right)=0$$

推导出：

$$k_{\mathrm{n}}=\frac{M+N\lambda}{F+G\lambda}=\frac{L+M\lambda}{E+F\lambda} \tag{4.22}$$

根据式(4.22)，其极值应满足方程组

$$\begin{cases} \left(L-k_{\mathrm{n}}E\right)+\left(M-k_{\mathrm{n}}F\right)\lambda=0 \\ \left(M-k_{\mathrm{n}}F\right)+\left(N-k_{\mathrm{n}}G\right)\lambda=0 \end{cases}$$

确定法曲率极值(主曲率)所在密切平面的切线方向即为砂轮轴线方(曲面主方向)。由式(4.20)～式(4.22)可得

$$\begin{cases} \mathrm{d}U=N-kG \\ \mathrm{d}V=kF-M \end{cases} \tag{4.23}$$

对比所得到的两个主曲率，定义绝对值小的为 k，根据砂带磨削的特征以及加工的性能要求，用小绝对值计算获得的 $\mathrm{d}U/\mathrm{d}V$ 作为刀轴方向。需要关注的是，曲面中常常存在脐点，此时，法曲率 k_{n} 与 $\mathrm{d}U/\mathrm{d}V$ 无关，接触轮轴线矢量方向可选取上一刀位点处接触轮轴线矢量方向，经计算后得到的砂带磨削加工接触轮轴线矢量。

4.2 整体叶盘砂带磨削干涉形式及其特征分析

4.2.1 常规加工刀具干涉类型

刀具干涉是指刀具刃部切刃与被加工曲面内和相邻加工表面之间的碰撞，其产生主要是由于加工曲面高曲率骤变、切线不连续、表面存在间隙、相邻约束表面间距小等原因。根据干涉现象在刀具上产生的位置以及曲面的微观几何特性，刀具干涉的类型可分为过切干涉、碰撞干涉和超程干涉三大类[162]。

1. 过切干涉

过切干涉是指在加工曲面时刀刃切入了曲面不该切除的部分，按产生干涉的曲面几何特性不同，又可分为单面干涉、曲面干涉和运动干涉。

(1) 单面干涉是指单张曲面元素内产生的干涉，主要有曲率干涉和曲面干涉两种类型。其中曲率干涉是指当刀具接触点处的曲面曲率半径小于刀具的有效切刃半径时所产生的干涉，这种干涉是由曲面局部曲率特性引起的，如图 4.19(a)所示。而曲面干涉是指刀具底部处于凹曲面上与刀刃邻近曲面区域过切，如图 4.19(b)所示。

(2) 曲面干涉是指加工相邻两曲面或多曲面元素时在凹向拼接处或间隙拼接处所发生的干涉，是一种构成组合曲面元素之间的干涉，包括曲面拼接干涉和曲面不连续干涉等类型。如图 4.19(c)所示，在加工曲面 S_1 时，刀具轨迹是根据曲面的几何关系正确走刀生成的，但刀具位置对于 S_2 曲面却发生了干涉。加工曲面存在曲面干涉时，如图 4.19(d)所示，刀具位置在曲面 S_1 端点 q 处加工，并对曲面 S_2 发生了干涉。

(3) 运动干涉是指加工凸曲面时由于刀具作直线插补运动引起的干涉，包括运动曲率突变干涉和运动曲面不连续干涉。当刀具在凸曲面上两相邻刀位点之间作直线插补运动时，刀具会因直线运动误差过大而过切加工曲面。运动干涉一般发生于凸曲面高曲率骤变和凸曲面不连续的情况，如图 4.19(e)、(f)所示。

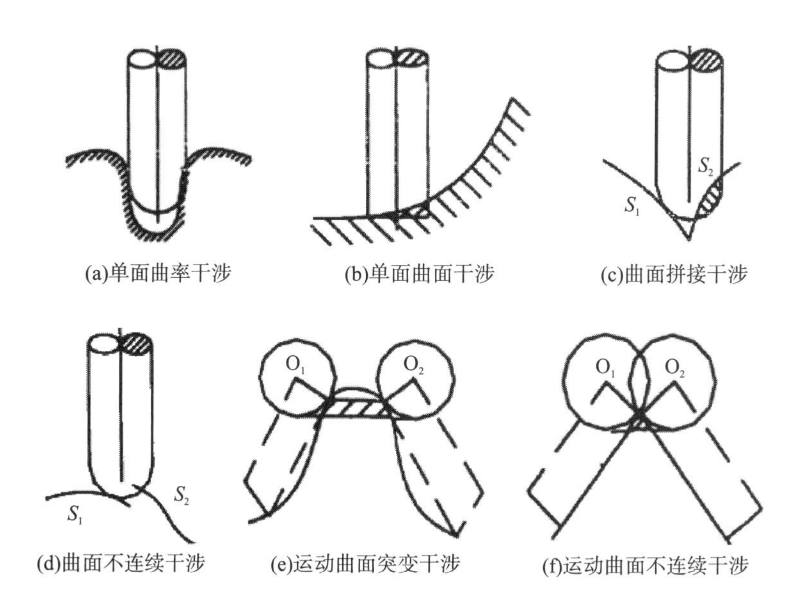

图 4.19　刀具过切干涉的类型

2. 碰撞干涉

碰撞干涉是指刀杆、动力头与加工曲面及其邻近的约束表面，如机床、夹具及其他辅件等之间的相互碰撞。狭义地，碰撞干涉仅指刀杆与加工曲面之间的相互碰撞。

3. 超程干涉

超程干涉是指刀位点的坐标值和相位角超出了数控机床的工作行程而产生的干涉。

刀具干涉所产生的后果，轻则影响加工表面质量，使加工零件报废，重则会损坏机床设备，酿成重大生产事故。因此，数控加工自动编程的首要任务，就是在真正加工之前进行刀具干涉处理，在加工曲面上生成一条高效而无干涉的刀具轨迹。

4.2.2 整体叶盘结构干涉特性分析

如图 4.20 所示为整体叶盘的结构特性，从图上可以看出，叶片的宽度为 43.7 mm，凹面最小距离为 22 mm，凸面最小距离为 19.8 mm，凹面长度为 60.5 mm，凸面叶片长度为 61.8 mm，叶片根部转接 *R* 角半径 1.25 mm。整体叶盘属于典型的狭小空间弱刚性零部件。

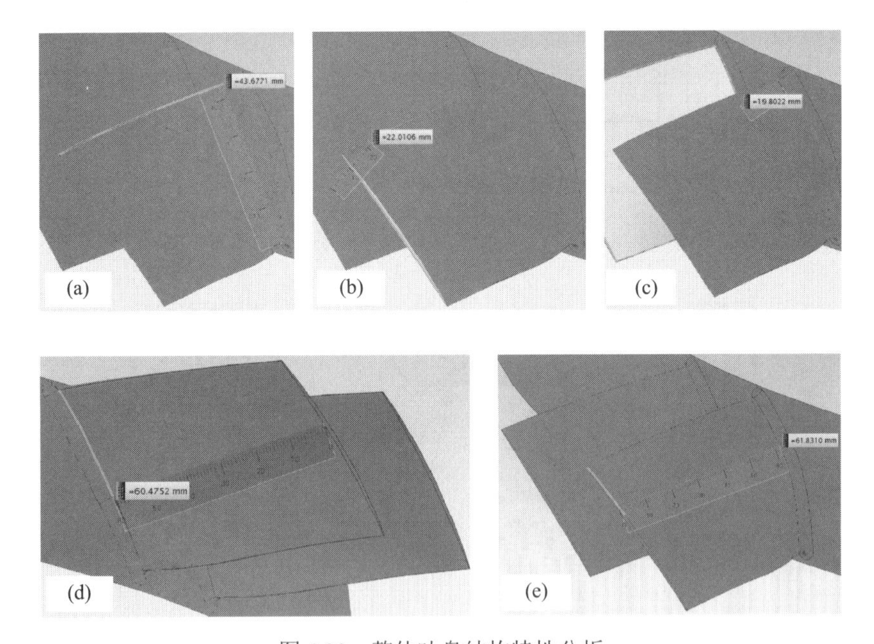

图 4.20 整体叶盘结构特性分析

由此可以看出，在整体叶盘全型面的抛光过程中，首先，由于整体叶盘叶片的弱刚性以及叶片间距小而造成磨具系统长径比大等特性，导致整体叶盘抛光过程中在较大的接触压力作用下极易造成叶片和磨具系统的双重变形，甚至发生颤振现象，从而产生“过抛”或“欠抛”等问题，这对整体叶盘表面质量及型面精度造成极大的影响。而在叶片进气边、排气边、叶尖等部位的抛光过程中此类问题尤为突出。其次，叶根与边缘过渡区的曲率半径 R 小且叶片间距小，磨具系统可达性差，从而整体叶盘抛光过程中磨具极易与叶片发生干涉。由此，整体叶盘叶根及流道面的精密抛光是目前的盲区，加工效率低，难以实现整体叶盘全型面自动化抛光。根据结构特性可以看出，整体叶盘抛光过程碰撞干涉特性极为明显，也是实现整体叶盘全型面抛光干涉首先要解决的问题。

4.2.3　整体叶盘曲面干涉特性分析

整体叶盘型面在创建过程中可能会在局部出现曲面曲率突变的现象[163]。这种现象起源于曲面所参照的曲线本身的曲率突变或者是多条光顺的空间曲线在构建曲面时产生的曲面扭曲过大[164]。曲面曲率包含 Gauss 曲率、极大曲率、极小曲率、平均曲率、最大曲率和最小曲率等，每一种曲率的属性都可以从不同角度描述曲面型面信息[165]。其中 Gauss 曲率主要反映的是曲面的弯曲程度，是分析曲面造型中内部曲面质量和连接情况的主要依据，当曲面 Gauss 曲率变化速率较快时，曲面表面内部变化较大，曲面光滑程度较低；反之，当曲面 Gauss 曲率变化速率较慢时，曲面过渡较平缓。

曲面局部曲率的突变会造成加工过程中 BGM 的让刀现象，从而生成有瑕疵的加工表面，对于多轴加工更会因为曲率的突变使 BGM 刀轴剧烈变化，在干涉控制不够全面的情况下会出现严重的撞刀，另外也有可能导致刀具轨迹无法生成。因此，对生成的曲面进行曲面曲率检测是必要程序。在 UG 中是使用高斯曲率工具对曲面进行曲面曲率的检测，被检测曲面上所显示的不同的颜色代表了不同的曲率，其中紫色代表高曲率，蓝色代表低的曲率，如图 4.21 所示。

如图 4.21 所示为整体叶盘型面曲面特性。如图 4.21(a)和(b)所示分别为整体叶盘型面凹面 Gauss 曲率和凸面 Gauss 曲率分析云图，从图中可以看出曲率变化速率较大，因此对于整体叶盘型面曲面光滑程度较低。如图 4.21(c)和(d)分别为整体叶盘型面凹面 U 向曲率半径和凸面 U 向曲率半径分析，曲率半径范围为–5.001～+74.753 mm。图 4.21(e)和(f)分别为整体叶盘型面凹面 V 向曲率半径和凸面 V 向曲率半径分析，曲率半径范围为–1157.3～+600.39 mm。通过分析可以看出，整体叶盘型面 V 向曲率半径大于 U 向曲率半径，因此在整体叶盘型面的磨削过程中朝着 V 向进给，这样可以减少旋转轴的旋转，避免旋转精度不足对型面精度的影响。

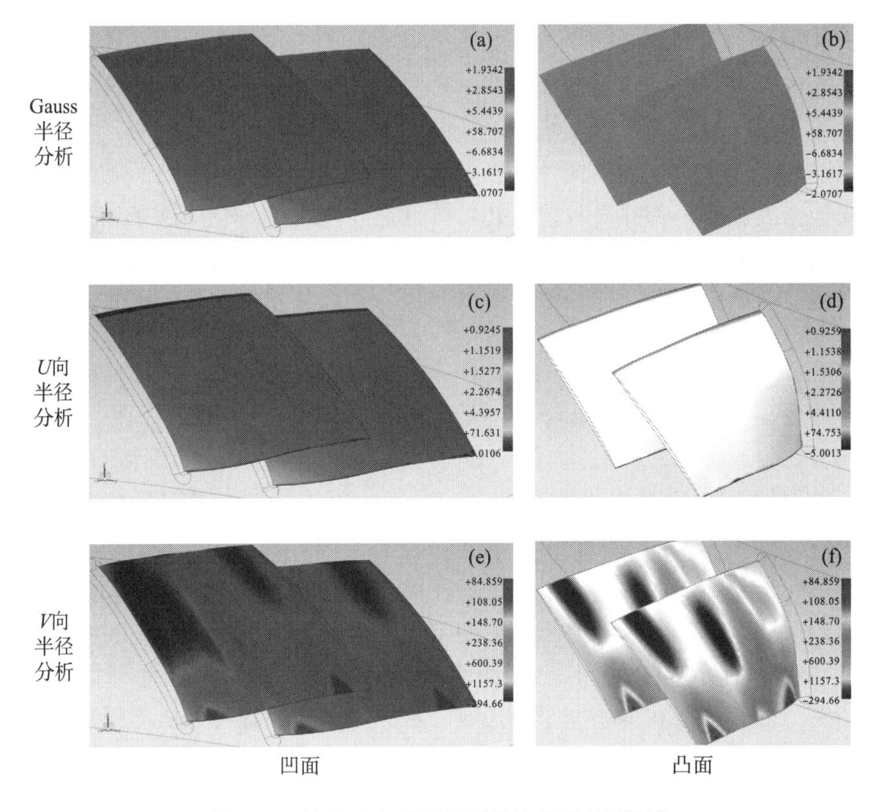

图 4.21　整体叶盘型面曲面特性分析(见附图)

图 4.22(a)中整体叶盘型面曲率半径最大值的分布范围为–162.74～+536.9 mm，图 4.22(b)中整体叶盘型面曲率半径最小值的分布范围为–5.001～+74.753 mm，可以看出整体叶盘型面曲率变化较小，而在整体叶盘边缘型面曲率变化较大。为了进一步分析，基于曲率正向法向得到整体叶盘边缘的余量分布，具体如图 4.23 所示，可以看出整体叶盘边缘余量分布极不均匀，因此在整体叶盘边缘磨削过程中应根据余量选择不同的磨削压力。

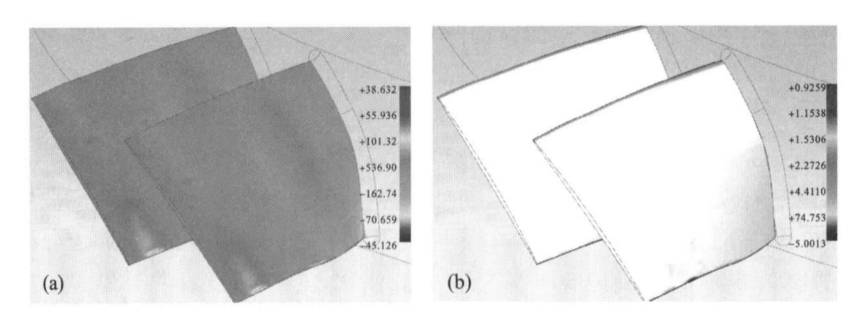

图 4.22　整体叶盘曲面半径特性分析

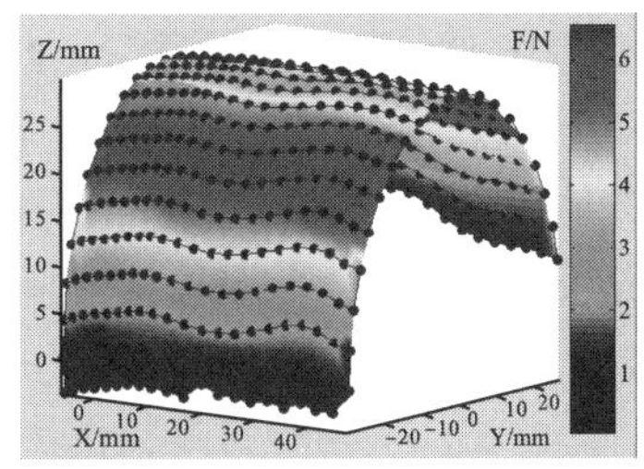

图 4.23　整体叶盘边缘余量及对应压力

通过以上的分析可以看出，对于整体叶盘型面，如果一次完成全型面的抛光加工，由于曲率变化过大容易生成有瑕疵的加工表面，对于多轴加工更会因为曲率的突变使刀轴剧烈变化，在干涉控制不够全面的情况下会出现严重的干涉，另外也有可能导致刀具轨迹无法生成。由此造成整体叶盘在抛光过程中磨具系统的让刀现象严重，因此在磨削过程中应将叶片进排气边缘的抛光加工与叶片凸型面与凹型面的加工分开进行。

4.2.4　砂带磨削进给运动干涉特性分析

在整体叶盘型面的砂带磨削过程中，根据上述对整体叶盘结构以及型面曲面的特性分析可以看出，整体叶盘型面曲率在不同的方向上变化较大，且整体叶盘型面的磨削主要采用侧面接触的方式，因此为了减少运动精度误差对曲面精度的影响必须考虑不同进给运动对整体叶盘砂带抛光干涉的影响。

如图 4.24 所示为典型的 BGS，其中 BGS 设计的主要技术参数包含了砂带宽度 b_B 和接触轮宽度 b_C(通常情况下，$b_B=b_C$)，压力杆长度 L、接触轮半径 r、接触轮硬度以及接触轮母线型线 S 等。这些关键技术参数的优化对复杂曲面的干涉以及型面精度的提升、效率的提高等具有重要影响。根据砂带进给速度方向的不同，可以将砂带磨削进给运动分为轴向进给运动和径向进给运动，分别如图 4.24(b)和(c)所示。

如图 4.24(b)所示为砂带磨削轴向进给方向的正视图，从图上可以看出，曲面与 BGS 的干涉主要受接触轮直径的影响，可以通过减小接触轮直径减小 BGS 与曲面最小曲率半径的干涉，但是在减小接触轮直径的同时，减小了接触轮与复杂曲面的接触面积，从而减小了磨削效率。其运动示意图如图 4.24(d)所示，在运动过程中磨头的运动受曲面 U 向的曲率变化影响较大，因此为了减小运动干涉，该运动适用于曲面 U 向曲率变化不大的复杂曲面磨削。同时可以看出，轴向进给运动更能有效地适应小曲率半径凹面的磨削。轴向进给运动接触线短，完成整个曲面的磨削需要更多和更密的走刀布距，对曲面的弹性随形适应能力较低，在凸面的磨削加工中容易出现过切，数控程序也较为复杂，磨削加工效率低。因此，为了提升加工效率，可以根据复杂曲面特性，增加接触轮直径。

如图 4.24(c)所示，砂带磨削径向进给方向是沿着 B 方向运动，从图上可看出，径向进给磨削与复杂型面接触面大，磨削效率高，同时可以看出，由于接触轮宽度的影响，在复杂曲面磨削的过程中过切干涉现象严重。因此可以通过接触轮宽度以及接触轮母线的优化设计，在提高磨削效率的同时，减小过切干涉。其运动示意图如图 4.24(e)所示，在运动过程中磨头的运动受曲面 V 向的曲率变化影响较大，因此为了减小运动干涉，该运动适用于曲面 V 向曲率变化不大的复杂曲面磨削。

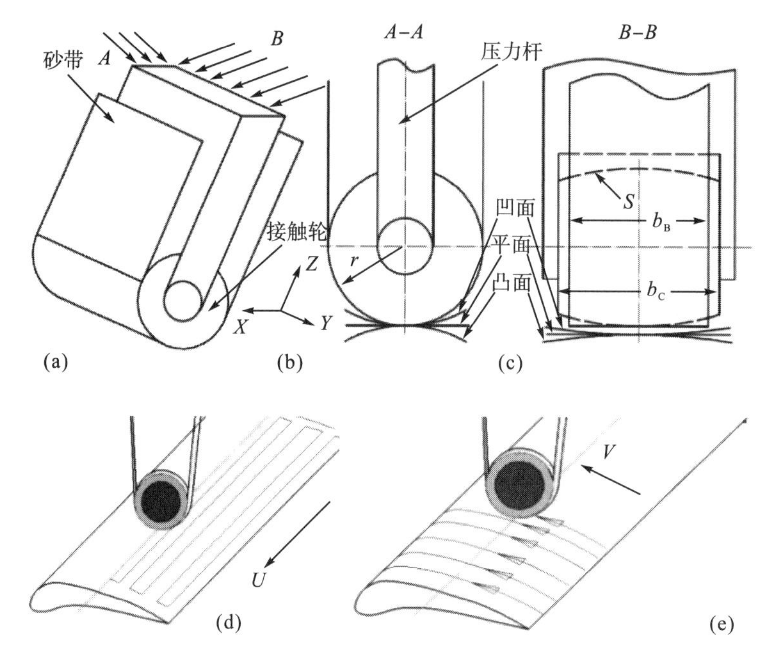

图 4.24 复杂曲面砂带磨削进给运动示意图

通过整体叶盘结构干涉特性、整体叶盘曲面干涉特性和砂带磨削进给运动干涉特性的分析可以看出，整体叶盘在全型面抛光加工过程中，包含了狭小空间易干涉、型面与边缘过渡曲面半径变化较大、不同进给方向的型面曲率变化不同等特征。结合常规刀具加工干涉特性综合分析，可以得到整体叶盘全型面抛光的干涉特性主要有如下几个方面。

(1)碰撞干涉是整体叶盘全型面砂带磨削的首要问题。这主要是整体叶盘型面狭小空间、叶根小曲率半径、扭曲曲面的流道面等易干涉部位所造成的 BGM 刀轴与领近叶片的碰撞干涉。

(2)过切干涉是保证整体叶盘砂带磨削型面精度和表面质量的核心问题。首先是根部磨削易造成单面曲率干涉、叶片扭曲型面的单面曲面干涉等单面干涉；其次，边缘与型面、型面与叶根、叶根与流道面之间的曲面拼接干涉，叶片扭曲所造成的曲面不连续干涉；最后，边缘磨削和叶尖磨削过程中易造成运动干涉。

(3) 超程干涉是影响整体叶盘型面与根部过渡平滑磨削、流道面与根部过渡平滑磨削、型面与边缘过渡平滑磨削的关键问题。在保证装备精度的前提下，通过整体叶盘磨削装备动态特性的优化，避免磨削过程中的超程干涉。

(4) 除此以外，整体叶盘还包含了独特的曲面三维过切干涉等新型问题。这主要是由整体叶盘根部与边缘以及流道面之间的转接曲面的精密磨削而引起的。

4.3　整体叶盘六轴联动无干涉砂带磨削磨具矢量控制

为了详细分析整体叶盘六轴联动砂带磨削的干涉情况，建立了整体叶盘砂带磨削极端干涉模型，主要假设如下：①任意界面方向，相邻两个叶片的间距相等；②任意界面内弧面界线选择曲率最小，外弧截面线选择曲率最大；③叶盘叶片弧线在任意界面相对流道面对称；④叶片弧线长度等于叶片长度。

4.3.1　自由曲面砂带磨削过切干涉避免方法

根据上文对整体叶盘型面曲面特性的分析可以看出，对于整体叶盘凸面的砂带磨削不存在过切干涉，因此本书主要是对整体叶盘凹面的曲面砂带磨削过切干涉进行分析。

如图 4.25 (a) 所示为自由曲面砂带磨削过切干涉避免分析。如图 4.25 (a) 所示，在 XZ 界面，接触轮半径 R_1 应小于 XZ 界面曲率半径 $1/\rho_{xz}$；如图 4.25 (b) 所示，在 YZ 界面，接触轮母线曲线 S 的半径 R_2 应小于 YZ 界面曲率半径 $1/\rho_{yz}$；如图 4.25 (c) 所示，在 XY 界面，接触轮母线曲线 S 的半径 R_2 应小于 XY 界面曲率半径 $1/\rho_{xy}$。

对于接触轮宽度的优化如图 4.25 (d) 所示，这里设定界面曲率半径的界面弦长最大值为 $B_{\max}$。

$$\delta_S = R_2 - \sqrt{R_2^2 - \frac{1}{4}B^2} \tag{4.24}$$

$$B_{\max} = 2\sqrt{\frac{1}{\rho^2} - (\frac{1}{\rho} - \delta_S)^2} \tag{4.25}$$

式中，δ_S 为接触轮凸起高度；R_2 为接触轮母线曲线 S 的半径；B 为接触轮宽度；ρ 为曲率。

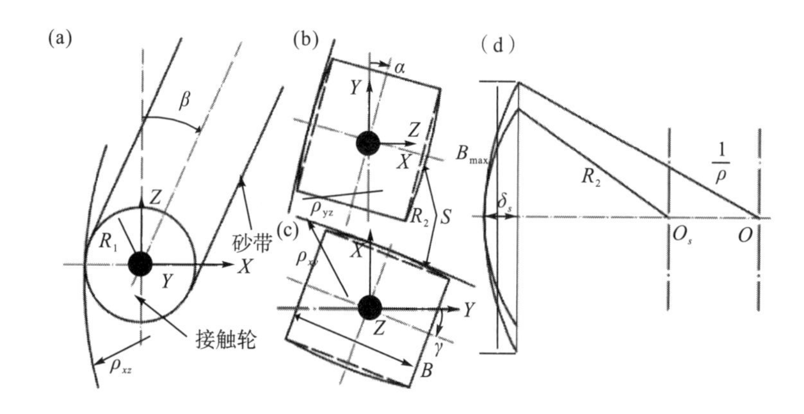

图 4.25 自由曲面砂带磨削过切干涉避免分析

在砂带磨削过程中，在不同截面的接触过程中，只要 $B_{max}-B \geqslant 0$ 就可以保证接触宽度方向满足曲面半径干涉避免的要求。同时结合砂带磨削接触轮柔性特性，可以得到干涉避免的要求：

(1)在满足一定磨削效率的情况下尽量减小接触轮半径、接触轮与砂带的宽度以避免过切干涉；

(2)减小接触轮硬度以提高砂带磨削弹性随形特性；

(3)在保证砂带运动平稳的前提下应选择椭圆长径比大且以长度方向为接触轮的母线曲线 S；

(4)应选择曲率变化不大的方向为运动进给方向；

(5)当曲面最小曲率半径过小的时候，应优先选择轴向进给运动，避免过切干涉；

(6)当曲面曲率半径较大的时候，应优先选择径向进给运动，提高切削效率。

4.3.2 型面砂带磨削无干涉磨具矢量控制

根据上述对整体叶盘型面及结构的分析可以看出，整体叶盘型面曲率变化不大、过渡平滑，为了提高磨削效率采用径向进给的磨削方式。同时由于整体叶盘狭小空间的特性，BGM 刀轴干涉避免空间小，在磨削过程中容易发生碰撞干涉，如图 4.26(a)所示。

如图 4.26(b)所示为基于极端干涉模型的整体叶盘型面砂带磨削全局干涉避免分析，从图中可以看出，在整体叶盘型面砂带磨削过程中包含有磨削叶片与 EBG 刀轴、领进叶片与 EBG 刀轴、接触轮与流道面、两个包角限位轮与叶尖等干涉。如图 4.26(b)所示，δ_{CVXx} 和 δ_{CCVx} 分别为 BGM 刀轴与整体叶盘磨削叶片凸面和临近叶片凹面之间的距离，δ_{Lz} 和 δ_{Rz} 分别为包角控制底部与叶尖之间的距离，δ_z 是 BGM 接触轮与整体叶盘流道面之间的距离。

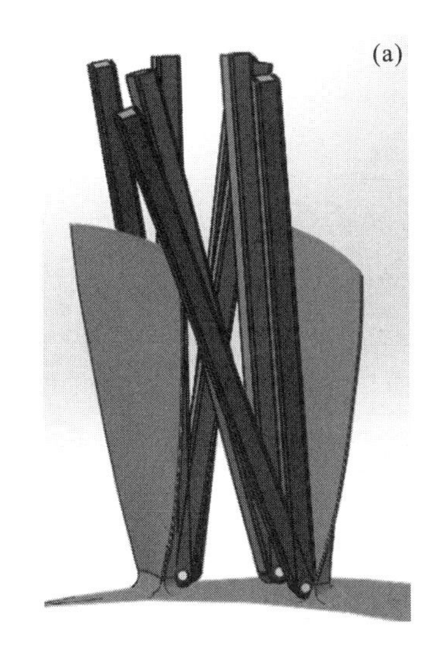

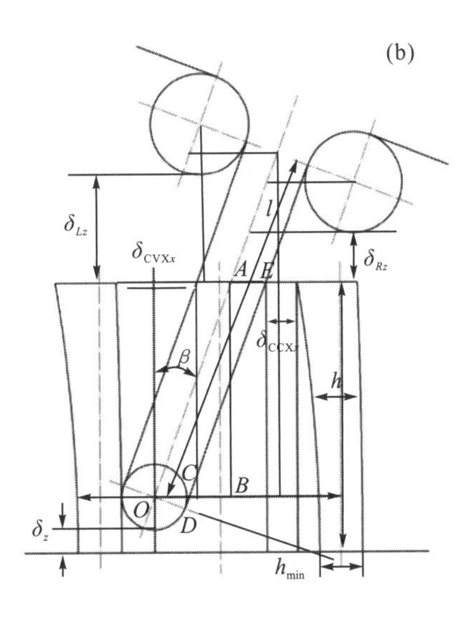

图 4.26 整体叶盘型面砂带磨削干涉避免矢量控制

根据如图 4.26 所示的计算模型，可以得到：

$$\delta_z = Z - R_B - R_C \tag{4.26}$$

式中，R_B、R_C 分别为整体叶盘半径和接触轮半径；Z 为接触轮圆心所在的 Z 坐标点。在整体叶盘型面磨削的时候，只有当 $\delta_z \geqslant 0$ 时，磨具模块与整体叶盘流道面没有发生干涉，否则需要增加 Z 值来避免型面磨削过程中的底部干涉。

在 ΔOAB 中：

$$AB = l - Z - R_B$$

$$OB = AB\tan\beta = (l - Z - R_B)\tan\beta$$

$$OA = \frac{AB}{\cos\beta} = \frac{l - Z - R_B}{\cos\beta}$$

在 ΔODC 中：

$$OC = AE = \frac{R_C}{\cos\beta}$$

根据圆弧弦长计算公式，可以得到任意位置的叶片厚度 h：

$$h = h_{\min} + R_{\max} + R_{\min} - R_{\max}\cos\left[\arcsin(\frac{Z - R_B}{R_{\max}})\right] - R_{\min}\cos\left[\arcsin(\frac{Z - R_B}{R_{\min}})\right]$$

$$h_{\mathrm{CVX}} = R_{\max} - R_{\max}\cos\left[\arcsin(\frac{Z - R_B}{R_{\max}})\right]$$

$$h_{\mathrm{CCV}} = R_{\min} - R_{\min}\cos\left[\arcsin(\frac{Z - R_B}{R_{\min}})\right]$$

式中，R_{max}为外弧最大半径；R_{min}为内弧最小半径；h_{min}为叶片根部厚度。

由于：

$$\delta_{\mathrm{CCV}x}=\frac{1}{2}B+X+a_{\mathrm{p}}-OB-AE-h_{\mathrm{CCV}} \tag{4.27}$$

其中，a_{p}为砂带磨削下压量。当 $\delta_{\mathrm{CCV}x}\geqslant 0$ 时，磨具压力杆与整体叶盘叶片内弧面部干涉。

$$\delta_{\mathrm{CVX}x}=2OB-AE-X+R_C-a_p+h_{\mathrm{CVX}} \tag{4.28}$$

$$\delta_{Rz}=(l-OA)\cos\beta-(R_R+R_C)\sin\beta-R_R \tag{4.29}$$

$$\delta_{Lz}=(l-OA)\cos\beta+(R_R+R_C)\sin\beta-R_R \tag{4.30}$$

至此，已经给出了整体叶盘型面砂带磨削过程中的全局干涉控制方程，在磨削过程中只要保证上述关键参数大于等于 0 即可。

4.3.3 边缘砂带磨削无干涉磨具矢量控制

根据上述对整体叶盘型面特性的分析可以看出，整体叶盘边缘曲率变化最大的部位，包含了单面曲率干涉、曲面拼接干涉和运动干涉等类型，同时整体叶盘边缘极易发生变形，特别是叶尖部位，容易产生变形导致曲面不连续干涉，但是由于叶盘边缘开场型较好，因此碰撞干涉较少。根据上述分析可以看出，要实现边缘的精密加工必须精确地计算磨削走刀步距与步长，减少由于走刀步距与步长对型面精度的影响。但是走刀步长和步距宽度越小，编程效率和加工效率越低，因此应在满足加工效率的前提下，尽量加大走刀步距和步长。

当补偿了法向矢量转动误差之后，剩余的加工误差只有直线逼近误差，因此可以用直线逼近误差作为走刀步长的依据，对于逼近误差极限 ε，则走刀步长：

$$L\leqslant 2\sqrt{\frac{2\varepsilon}{|k_{\mathrm{f}}|}}$$

其中，k_{f}为误差系数。

根据黄金分割法可以将交线全部用参数表达式表示，根据加工精度预估的一条曲线的走刀布数，将曲线的参数范围等分。若残差过大，则步长乘以 0.618 以减少步长；若残差过小，则将步长除以 0.618 以增加步长。

如图 4.27 所示为整体叶盘边缘砂带磨削步距计算示意图，令叶片两相邻刀触点之间的有效曲率半径为 R_{ω}，接触轮半径为 R，当量曲率半径为 R' ，根据轮廓方程可以得到：

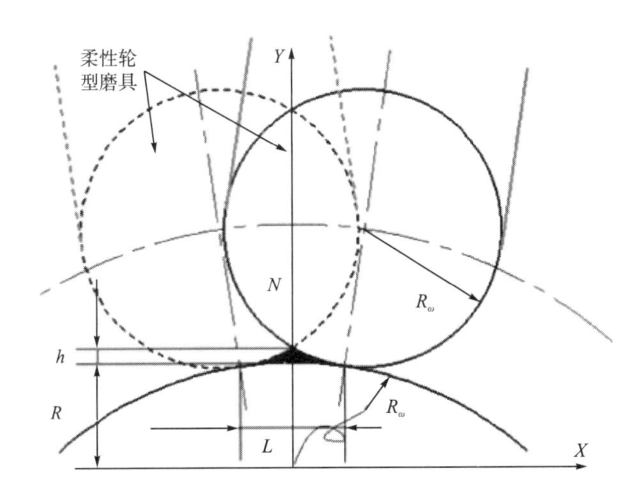

图 4.27　整体叶盘边缘砂带磨削步距计算模型

$$(x-q\cos\theta)^2+(y-q\sin\theta)^2=R^2 \tag{4.31}$$

式中，$\cos\theta=\sqrt{1-(\dfrac{L}{2R})}$，$\sin\theta=\dfrac{L}{2R}$，$q=R+R_\omega$；$L$ 为磨削行距。

在图示坐标系中，N 点坐标为

$$x_N=q\sqrt{1-(\frac{L}{2R})^2}-\sqrt{R^2-(\frac{qL}{2R})^2} \tag{4.32}$$

则残留高度 h 为：$h=x_N-R'$。

若残留高度 h 由加工精度给定，则可以求得行距 L 为

$$L=\frac{R_\omega\sqrt{2(q^2+R^2)(R'+h)^2-2(q^2-R^2)-(R'+h)^4}}{(R'+h)q}$$

由于 h 远小于 R'，则上式简化为

$$L\approx 2\sqrt{\frac{2hRR'}{R+R'}}$$

由此可以得到：

$$h=\frac{L^2}{8}\frac{(R+R_\omega)}{RR_\omega} \tag{4.33}$$

令 $d_e=\dfrac{dd_\omega}{d+d_\omega}$。其中 d_e 为当量直径；$d=2R$，为接触轮直径；$d_\omega=2R_\omega$，为叶片曲率直径。由此可以得到：

$$h=\frac{L^2}{4d_e} \tag{4.34}$$

$$L=2\sqrt{hd_e} \tag{4.35}$$

如图 4.28 所示，红色部分为余量超出误差范围，绿色部分为余量在误差范围以内，根据整体叶盘边缘加工工艺要求，边缘型线误差精度为–0.03 mm±0.05 mm。可以看出，随着 L 的增加，残余高度增加，当 $L\geqslant2\sqrt{a_e d_e}$时，残余高度不再发生变化；当 $L\leqslant2\sqrt{0.15d_e}$时，型面精度满足要求。可以看出，减小 L 可以提高型面精度，但是与此同时不可避免地增加了磨削时间。

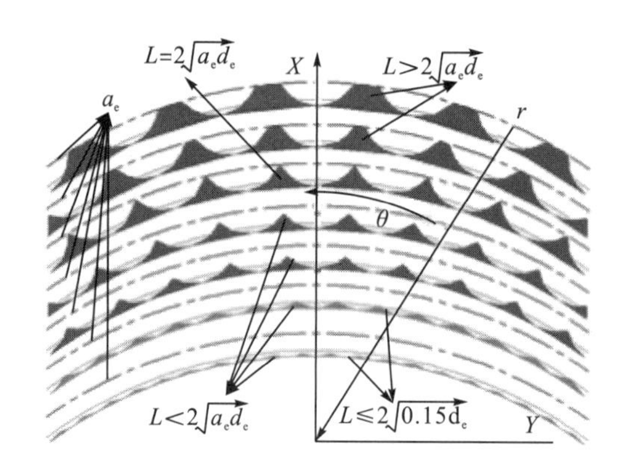

图 4.28 不同步距对整体叶盘边缘精度的影响分析(见附图)

4.3.4 叶根砂带磨削无干涉磨具矢量控制

对于整体叶盘叶根的精密磨削，由于叶根的曲率半径很小，对应整体叶盘最小曲率半径为 1.25 mm，根据上文对其结构特性分析可知，叶根的过切干涉和超程干涉较为明显。如图 4.29 所示为整体叶盘根部砂带磨削干涉避免矢量控制，其中侧向磨削力为 F，BGM 刀轴旋转角度为 β，BGM 刀轴与叶根中心线角度为 ψ。

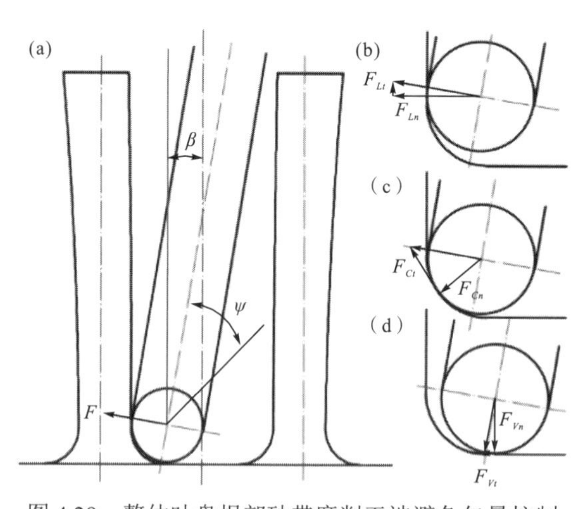

图 4.29 整体叶盘根部砂带磨削干涉避免矢量控制

叶片根部由三个曲面构成，分别为叶身型面、叶根角和流道面，而在不同部位压力的计算公式不一样。

对于叶片型面与叶根的交界处的受力分析如图 4.29(b)所示，可以得到：

$$\begin{cases} F_{Ln} = F\cos\beta \\ F_{Lt} = F\sin\beta \end{cases} \tag{4.36}$$

对于叶根的磨削加工的受力分析如图 4.29(c)所示，可以得到：

$$\begin{cases} F_{Cn} = F\sin\psi \\ F_{Ct} = F\cos\psi \end{cases} \tag{4.37}$$

对于叶根与流道面交界处的砂带磨削，如果采用侧向接触磨削压力则导致分力过小，因此对于该区域应采用轴向受力，其受力分析如图 4.29(d)所示，可以得到：

$$\begin{cases} F_{Vn} = F\cos\beta \\ F_{Vt} = F\sin\beta \end{cases} \tag{4.38}$$

由于在根部磨削过程中，根据等式可以得到，在 Z 值最小的时候，随着 β 角度的增加，磨具压力杆极易与叶盘叶片发生干涉，因此在叶根磨削时尽量减小 β 角度。由于 $0°\leqslant\psi\leqslant90°$，如果仍然在型面磨削过程中的侧边施加压力，这样叶根磨削过程中压力逐渐减小，因此难以实现恒量磨削，容易使接近地面根部部位难以达到量去除效果。

4.3.5　流道面砂带磨削无干涉磨具矢量控制

整体叶盘两个叶片之间的空间称为流道面。流道底面是由复杂曲面构成的型面，叶片之间间距小，部分叶片叶形长，在加工过程中对刀具的要求高，如图 4.30(a)所示。刀具需要较好的刚性；叶盘的叶片扭曲度较大，加之流道底面狭窄，在加工过程中十分容易发生碰撞和干涉，这就要求对刀具的参数进行严格控制。下面进行整体叶盘流道面砂带磨削加工的空间轴系分析。

根据整体叶盘流道面的特性，将流道面划分为左侧三角区域、右侧三角区域和中间流道区域[166]，如图 4.30(b)所示分别为区域 A、区域 B 和区域 C。为了实现整体叶盘流道面的磨削加工，减小刀轴运动精度对型面精度的影响，必须根据其结构特性对其磨削区域进行进一步细化。

如图 4.30(b)所示，左、右侧三角区域属于开敞性区域，受流道型面之间的约束较小，加工刀具的空间运动范围相对较大，左、右侧三角区域确定后剩下的叶盘流道区域自动形成中间流道区域，中间流道区域又划分为磨削叶片的内半部流道区域 C1 和 C2，临近叶片的外半部流道区域 C3 和 C4，中间流道区域 C5。对于区域 C5 流道面的砂带磨削 BGM 刀轴运动的运动摆动角度 β=0，对于区域 C1 和区域 C2 的摆动角度 $\beta<0$，对于区域 C3 和区域 C4 的摆动角度 $\beta>0$。

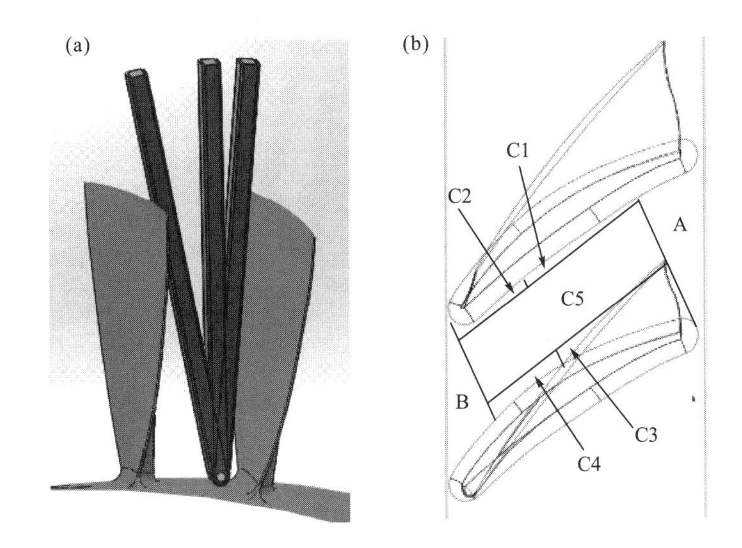

图 4.30 整体叶盘流道面砂带磨削干涉避免矢量控制

4.4 本 章 小 结

首先从整体叶盘全型面砂带磨削的角度，分别从整体叶盘叶尖、型面、边缘、流道面分析了其砂带磨削工艺方案，结合整体叶盘结构特性提出了采用侧面接触压力自适应的控制方法来实现整体叶盘砂带精密磨削，并分析了整体叶盘六轴联动砂带磨削原理和砂带磨削最优接触方法；其次，介绍了常规加工刀具干涉类型，在此基础上分别从整体叶盘结构、整体叶盘曲面和砂带磨削进给运动等方面分析了整体叶盘砂带磨削的干涉特性；最后，分别从自由曲面砂带磨削、型面砂带磨削、边缘砂带磨削、叶根砂带磨削和流道面砂带磨削等方面分析了砂带磨削磨具轴矢量控制方法。

第5章　整体叶盘全型面数控砂带磨削实验

通过对整体叶盘的失效现象进行综合分析和反复验证研究表明，叶盘失效主要是零件已加工表面层的状态不良所致，且整体叶盘的表面质量和型面精度对航空发动机的气流动力性和使用性能影响巨大。对于整体叶盘全型面的加工要求，包括：叶型表面无横向加工痕迹；叶型表面残余应力呈压应力分布；全型面加工表面粗糙度≤0.4 μm；型面磨削余量 0.002～0.02 mm；叶片型面线轮廓度–0.03～+0.05 mm；轮盘流道型面面轮廓 0.2 mm。因此，整体叶盘在铣削加工后，必须对流道型面及叶片型面进行抛磨加工，使各曲面之间转接平滑、圆顺，提高表面质量完整性、增强其疲劳强度，保证整机使用性能和寿命。本章通过整体叶盘砂带磨削表面完整性分析、整体叶盘砂带磨削型面轮廓精度分析和整体叶盘砂带磨削精度一致性分析等研究，验证整体叶盘全型面新型砂带磨削方法的正确性，为整体叶盘砂带磨削工艺参数的制定奠定实验基础。

5.1　实验装置及实验条件

整体叶盘全型面数控砂带磨削实验在联合研制的高精度数控砂带磨床上进行[167,168]。如图 5.1 所示，该机床包含新型砂带磨头、床身、高精度旋转转台和导

图 5.1　整体叶盘砂带磨削机床

轨等。该机床保证整体叶盘在一次装夹的情况下完成全型面的数控精密砂带磨削，减少由于工件重复装夹误差对整体叶盘砂带磨削表面精度的影响。

整体叶盘数控砂带磨削装备运动轴设计定义为：与磨头垂直、沿水平方向的运动轴为 *X* 轴；与磨头垂直、沿被加工叶片宽度方向的运动轴为 *Y* 轴；与磨头平行的上下运动轴为 *Z* 轴；围绕 *X* 轴旋转的轴为 *A* 轴；围绕 *Y* 轴旋转的轴为 *B* 轴；围绕 *Z* 轴旋转的轴为 *C* 轴；整体叶盘安装在高精度转盘上。为了实现整体叶盘的精密磨削，机床各轴的精度如表 5.1 所示。

表 5.1 整体叶盘砂带磨削机床精度参数

项目	精度
X/Y/Z 位置精度	0.012 mm/0.01 mm/0.01 mm
X/Y/Z 重复定位精度	0.008 mm/0.005 mm/0.005 mm
A/B/C 位置精度	15″/15″/15″
A/B/C 重复定位精度	5″/5″/5″

该机床将六轴联动运动都布局在砂带磨头上，这样可以提高机床的动态特性，而整体叶盘的旋转运动只是在磨削完成以后的工位变换。整体叶盘数控砂带磨削装备各坐标轴自带线位移传感器和角度传感器，可反馈磨削点位置信息给数控系统以实现磨削加工的闭环控制。装备的主要结构参数如表 5.2 所示。

表 5.2 整体叶盘砂带磨削机床主要结构参数

项目	精度
磨削线速度	1～40 m/s
X/Y/Z 行程	800 mm/1000 mm/300 mm
A/B/C 轴运动行程	0°～360°/–45°～45°/–35°～35°
X/Y/Z 进给速度	0～10 m/min
A/B/C 进给速度	0～20 r/min
磨削工件范围	*Φ*600～*Φ*1000 mm

将整体叶盘夹持于转台工装之上，磨头安装在三轴回转和三坐标移动的主机上，根据叶片型面在线检测数据，采用高档数控系统控制，实现砂带与叶片型面的定点接触，同时通过同步运动控制，实现面向型面精度一致性的整体叶盘砂带磨削实验，其磨削示意图如图 5.2(a)所示。其中，图 5.2(b)、(c)分别为整体叶盘叶片凸弧面和凹弧面砂带磨削示意图，图 5.2(d)为整体叶盘叶片边缘砂带磨削示意图，图 5.2(e)为整体叶盘叶根砂带磨削示意图。

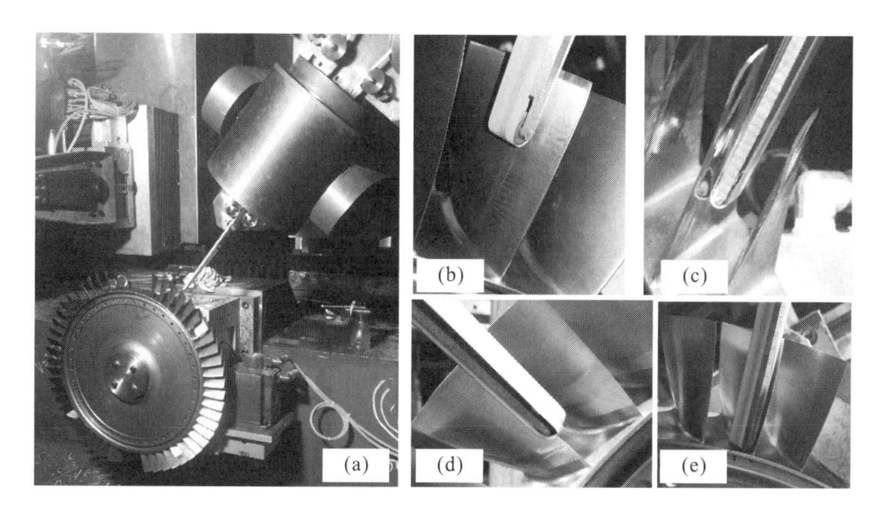

图 5.2　整体叶盘数控砂带磨削实验

整体叶盘砂带磨削数控系统采用西门子 840D 操作系统。采用的数控加工软件是自行研发的砂带磨削加工软件系统 TBGS，是应用 VISUAL C++编程工具对美国 Spatial 公司的 ACIS 进行二次开发完成的，该软件具有模型导入与被加工面提取、刀位点计算及刀路生成、仿真加工、数控代码生成与传输等功能，完成数控加工代码生成、模拟仿真以及向数控砂带磨床传输数控代码等任务，该软件具有精度高、效率高、系统稳定等特点，软件操作界面如图 5.3 所示。

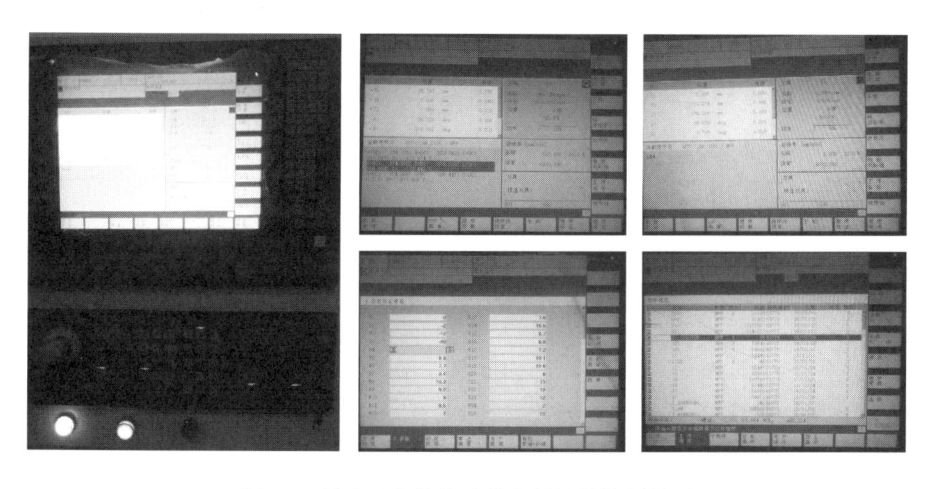

图 5.3　整体叶盘数控砂带磨削软件控制界面

实验所用试件为某型号航空发动机整体叶盘，如图 5.4(a)所示，整体叶盘材料为钛合金材料，已经通过前道精密铣削加工。如图 5.4(a)所示，磨削前后对整体叶盘1-11号叶片的三个截面中心轴位置分别进行了型线精度以及表面粗糙度的检测，其中表面粗糙度是通过在其测试点测试3次并计算其平均值而得，其测试点规划方案如图5.4(b)所示，包括叶盘叶片凸面(convex，CVX)、叶盘叶片凹面(concave，CCV)，A1、A2和A3分别为叶盘叶片上、中、下测试截面。

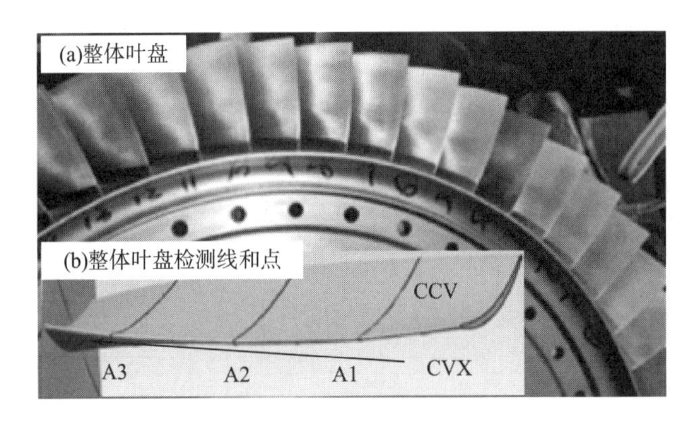

图5.4　整体叶盘及其测试规划

本实验采用海克斯康的三坐标测量仪器对整体叶盘磨削前后的型面进行检测；采用北京时代集团制造的粗糙度仪TR200测定的粗糙度参数为R_a；采用场发射扫描电镜测试整体叶盘表面型貌；采用荷兰Panalytical公司的X射线衍射仪(型号：Empyrean)对整体叶盘表面残余应力进行测试。本实验采用的砂带为美国3M公司的37260#砂带，根据上文对整体叶盘结构的特性分析，这里选用的BGM主要性能参数如表5.3所示。

表5.3　整体叶盘砂带磨削实验磨具模块参数

	砂带长度	砂带宽度	接触轮宽度	接触角度	接触轮直径	压力杆长度
参数	100m	8mm	8mm	0°	5mm	150mm

本次整体叶盘全型面砂带磨削主要对叶片凸型面、叶片凹型面、边缘、叶根进行磨削加工。在磨削过程中，首先采用三坐标测量仪器对整体叶盘的全型面进行检测，根据整体叶盘数模通过模型重构获得整体叶盘磨削余量分布，结合上文所研究的钛合金开式砂带磨削参数化数学模型确定磨削过程中的工艺参数，与此同时根据整体叶盘数模进行路径轨迹优化以及干涉避免检查并进行仿真，最后实现整体叶盘全型面砂带磨削加工。

5.2 整体叶盘砂带磨削表面完整性分析

5.2.1 整体叶盘砂带磨削表面粗糙度分析

表面粗糙度是评价加工表面质量指标的重要参数，表面粗糙度的大小直接影响零件的工作精度、配合性能、耐腐蚀性等，对整体叶盘的气流动力性和疲劳寿命影响巨大。如图 5.5 所示为整体叶盘叶片 6#、7#和 8#型面的数控开式砂带磨削(belt grinding，BG)前后对比图。可以明显看出，在采用新型开式砂带磨削以后，加工表面为典型的塑性磨削痕迹，基本没有黏附物的存在，叶片表面光洁度显著提高，表面质量一致性好，且完全消除了精铣(finish milling，FM)以后的铣削缺陷以及过渡区域刀痕，叶片表面没有出现明显的烧伤、刮痕等缺陷。同时为了直观地分析整体表面局部特征，对叶片磨削后的局部点进行了放大，可以看出，在整体叶盘开式砂带磨削以后，叶片表面纹路细腻，形成与表面气流方向一致的磨削纹路，且该磨削纹路沿着叶片纵向方向，有利于提升整体叶盘叶片的抗疲劳性能。

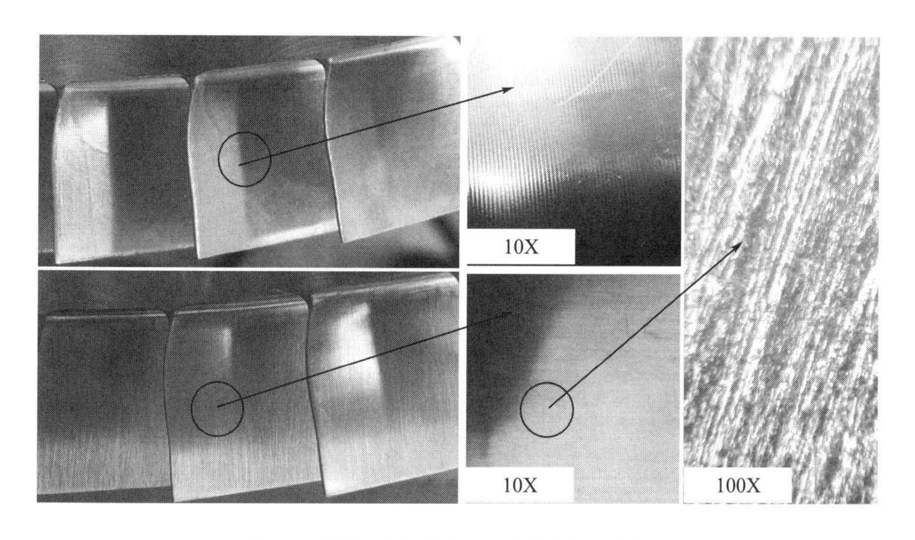

图 5.5 整体叶盘叶片砂带磨削前后对比图

如图 5.6 所示为整体叶盘砂带磨削前后凸面型面与凹面型面的表面粗糙度，其中图 5.6(a)为整体叶盘凸面表面粗糙度，图 5.6(b)为整体叶盘凹面表面粗糙度。从图上可以看出，精铣之后，整体叶盘叶片凸面表面粗糙度为 0.477～1.147 μm，整体叶盘叶片凹面表面粗糙度为 0.439～1.199μm，表面粗糙度都大于 0.4 μm 且表面粗糙度一致性较差，不能满足叶片表面粗糙度要求，因此精铣以后必须进行磨削加工。而在砂带磨削以后，整体叶盘叶片凸面表面粗糙度为 0.113～0.245 μm，整体叶盘叶片凹面表面粗糙度为 0.131～0.242 μm，表面粗糙度远低于目前国际上表面粗糙度小于 0.4 μm 的工艺要求。

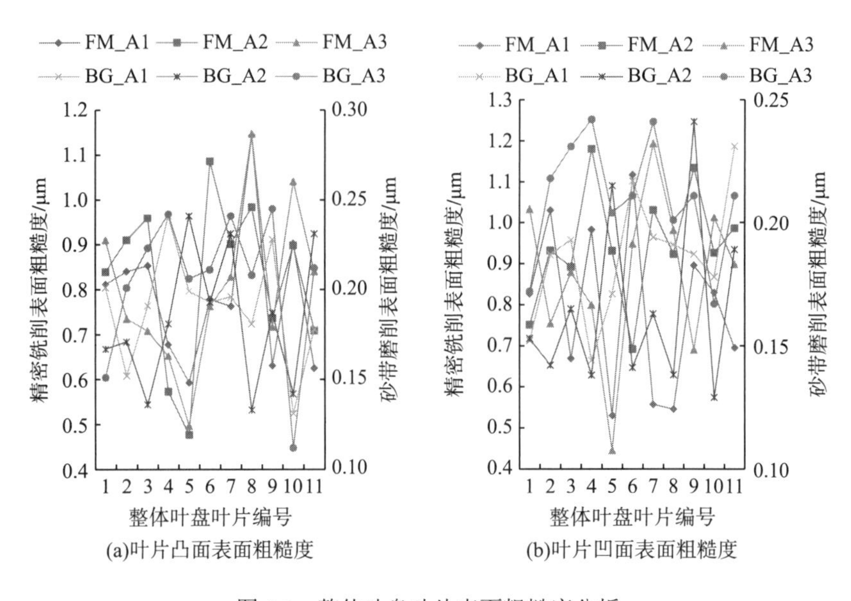

图 5.6 整体叶盘叶片表面粗糙度分析

从上面的表面粗糙度分析可以看出，整体叶盘凸面型面的表面粗糙度比凹面型面的表面粗糙度小，这主要是由于在同样的接触压力下，凹面与砂带的接触面积大于凸面，有利于提高表面粗糙度。通过上面的分析可以得到，该方法满足整体叶盘叶片型面表面粗糙度要求。这主要是在砂带磨削过程中，由于砂带与接触轮的柔性特性，砂带与工件在接触压力的作用下属于面接触，同时在砂带与工件之间包含了崩碎的磨粒和冷却液而形成研磨抛光的效果，这样整体叶盘在砂带磨削过程中具有磨削和抛光的双重作用，因而可获得比较低的表面粗糙度。

5.2.2 整体叶盘砂带磨削表面残余应力分析

残余应力是指当引起应力出现的外因消除后，仍然残留在物体内部并相互平衡的应力。残余应力是零件加工表面质量的主要指标之一，表面残余应力对耐疲劳、抗腐蚀等性能有很大影响[169]。当表面层存在残余压应力时，能延缓疲劳裂纹的产生、扩展，提高零件的疲劳强度；当表面层存在残余拉应力时，零件则容易产生晶间破坏，产生表面裂纹而降低其疲劳强度[170]。

表层残余应力的产生原因大致可归纳为三个方面：①冷态塑性变形。磨削加工时，工件表层由于磨削力作用，产生冷态塑性变形。②热态塑性变形。磨削过程中，磨削热导致工件表层热膨胀，而里层温度较低，这样产生热态塑性变形，使工件表层产生压应力，里层产生拉应力。③金相组织变化引起的残余应力[171]。

对于残余应力的测量方法很多，大致上可以分为两种，即机械测量法和物理测量法。机械测量法主要有钻孔法、剥层法等，物理测量法主要有 X 射线衍射法、超声波法、中子衍射法等。采用机械法对工件不可避免地会有不同程度的破坏，甚至导致工件无法正常使用，X 射线衍射法是一种无损性的测试方法，目前已得到广泛应用。本书采用的 X 射线衍射测量残余应力的基本原理是以测量衍射线位移作为原始数据，所测得的结果实际上是残余应变，而残余应力是通过虎克定律由残余应变计算得到的[172]。

如图 5.7 所示为整体叶盘砂带磨削表面残余应力分析结果。可以看出，整体叶盘叶片表面残余应力为–200～–400 MPa，表面出现压应力状态。而目前要实现表面压应力状态，国际上普遍采用磨粒流等加工方式，增加了加工成本。

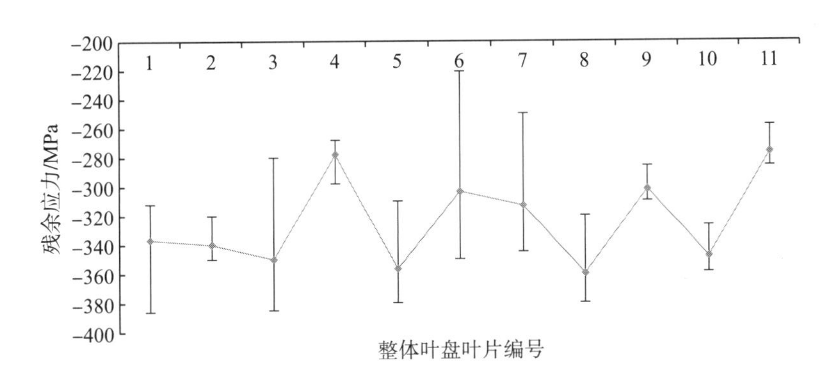

图 5.7　整体叶盘表面残余应力分析

一方面，由于砂带磨削磨粒顶端可近似地视为带钝角的锥体，在磨削压力的作用下，磨粒前方将对基体产生拉应力，该应力在超过材料屈服极限时，其拉伸变形在磨削结束后仍不能彻底恢复，所以在磨削方向形成残余拉应力；切屑分离后的表面在磨粒的挤压下，由于残余压缩变形而产生残余压应力。由于砂带磨削是弹性磨削，因此磨粒在磨削时对工件产生的挤压作用很强，远远大于切屑分离时的拉伸作用。同时，在磨削垂直方向上，磨粒两侧的金属都受到较强烈的挤压，所以导致较大的残余压应力。此外，工件表面在磨粒挤压、滑擦、耕犁等综合作用下，产生的塑性形变会引起晶格歪曲、畸变，也会形成表面残余压应力，并在表面下层形成拉应力。所以综合以上分析可知，砂带在磨削时，工件表面常常呈残余压应力状态[173]。

另一方面，磨削时，被磨削表面在瞬间达到很高的温度，而在离表面仅 0.05～0.10mm 的深处却仍然处于室温，表面的热量随即被冷却介质带走和向工件内部传导，表面被迅速冷却，相当于对其进行淬火处理。随着磨削的继续进行，表层深处热量集聚，温度升高，并随之膨胀形成热塑性流动，表面受到一定压应力的作用并逐步消失。当磨削停止时，外表面瞬间被冷却而收缩，由于表层深处冷却速度慢，因而表面的收缩受到阻碍而形成拉应力。但是对于砂带磨削其磨削热很低，因此磨削过程中不会出现因温度过高而形成的拉应力。

因此，对于砂带磨削产生的残余应力主要是因挤压而形成的，产生的残余压应力对零件表面的疲劳强度十分有利，这也是砂带磨削区别于砂轮磨削的一个重要特征。

5.2.3 整体叶盘砂带磨削表面形貌分析

如图 5.8 所示为整体叶盘叶片型面镜像显微图，图上检测放大倍数为 500 X。从图中可见，整体叶盘精铣表面的磨削纹路虽然还可辨出，但线条紊乱，有一些斑状凸起物零乱地分布于各处，主要是由 Ti 的氧化物及碳化物组成，没有以晶体形式存在的钛。厚度仅仅在数十纳米以内的涂覆层主要是以片状及球状熔屑覆盖于工件表面，其分布既无规律，又不连续，这主要是高温所导致的工件基体内的钛向表层扩散，并被吸附进去的氧所氧化，从而形成的氧化物。

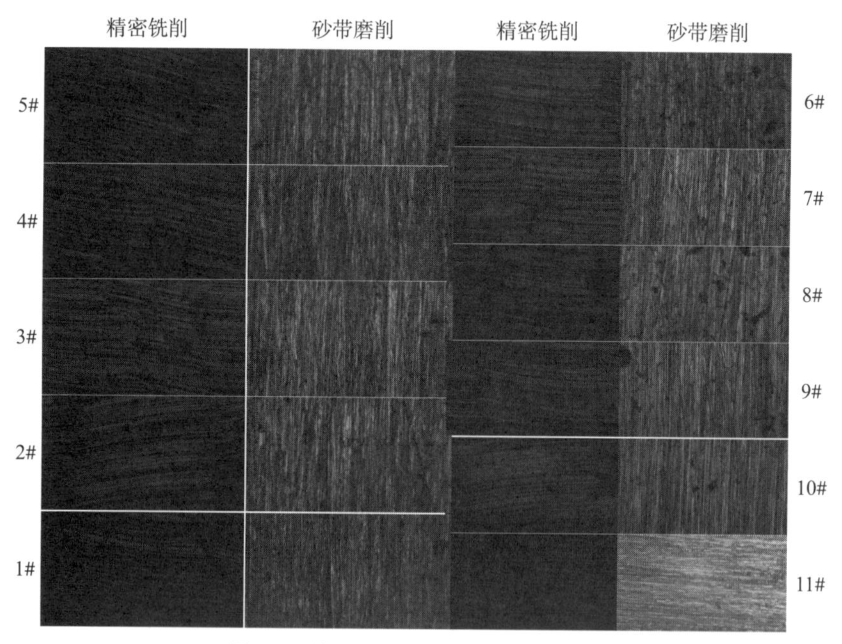

图 5.8 整体叶盘叶片型面镜像显微图

对整体叶盘钛合金这种塑性大、韧性高、化学亲合力强、导热系数低的耐热合金磨削加工，其切屑极易黏附在磨粒切刃上，这种被磨屑附上的磨粒在进入滑擦阶段时，在磨削区的高温高压下会将黏附物重新涂覆在已加工表面上，这样便形成涂覆层，进一步使磨削温度上升，导致工件被烧伤。所以对这类材料加工，减少磨削烧伤的办法是降低对温度影响最大的砂带速度，并选用适当的润滑剂或磨削助剂。

对于如图 5.8 所示的砂带磨削表面型貌，表面纹理均匀，同时表面并没有出现严重的烧伤现象，这主要是由于砂带磨削周长较长，在砂带磨削过程中磨粒冷却时间长，磨粒与工件的接触时间短，这样就有利于砂带磨削过程中的自冷却，体现了砂带磨削冷态磨削的特性。

5.3 整体叶盘砂带磨削型面轮廓精度分析

为满足航空发动机高性能、工作安全性、可靠性以及寿命的要求，整体叶盘型面必须具有精确的截面形状与尺寸，同时允许整体叶盘叶片有一定角度的扭转变形。截面形状与尺寸对航空发动机的效率、推力以及空气的流向都有重要影响。如果叶身型面与进、排气边的截面形状、尺寸精度(进排气边缘与叶身转接的真实 *R* 弧形精度)达不到设计要求，则可能导致航空发动机出现紊流、气喘、怠速不稳、失速等现象，严重时可危及飞行安全[174-176]。

如图 5.9 所示为型面轮廓对气流动力影响的仿真图[177]。可以直观地看出，靠近叶片进气边缘的气流动力学性能较强，特别是靠近叶片凸面部位的气流，而在排气边的气流较慢，总的来看，叶身凸面的型面精度对气流动力性影响较大。同时可以看出，不同气流角度也有影响，因此磨削以后不能有较大的变形。但是目前的常规磨削方法由于进气边缘薄、易变性，这将严重影响最后的气流动力性能。因此磨削方法的优越性及先进性主要体现在整体叶盘型面特别是叶片的进、排气边缘的磨削加工上。

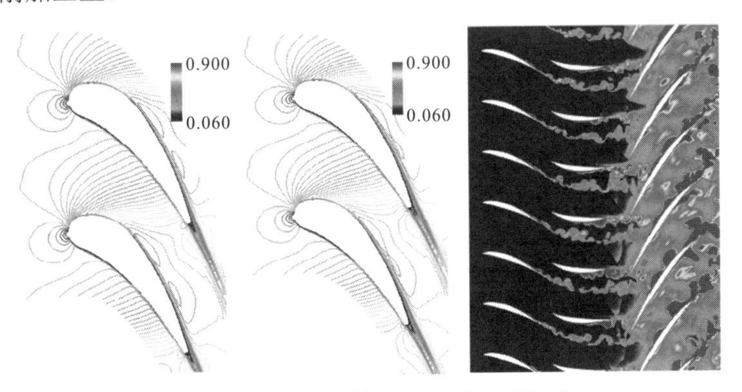

图 5.9 型面轮廓特性对气流分布的影响

5.3.1　整体叶盘叶身型面精度分析

一般情况下，整体叶盘在精密铣削以后其型面精度及其一致性较高，特别是在叶身中间部位的型面精度基本满足要求，但在叶片叶尖或者是边缘部位其精度较差，这主要是由于在精密铣削过程中切削力导致叶片变形，从而严重影响整体叶盘型面精密铣削精度。因此，本书所截取的整体叶盘叶身型面检测部位主要是靠近边缘变形较大的部位，而这也是传统加工难以满足精度的地方。

如图 5.10 所示为整体叶盘叶片三坐标测量型线轮廓曲线，图中的红色线为超出公差范围，绿色部位为满足要求，黑色线为理论型线，蓝色线为公差范围。可以看出，对于精密铣削来看，A1 型线轮廓加工精度最差，A3 界面加工精度普遍满足精度要求，说明精密铣削加工精度受叶片变形的影响较大。经过砂带磨削以后，型线轮廓误差普遍有所改善，磨削精度与叶片界面位置没有明显关系，而主要与精密铣削结果有关，但是从磨削结果来看，砂带磨削以后型面合格率明显提升。同时可以看出，对于砂带磨削，不会破坏精密铣削后的型面精度。

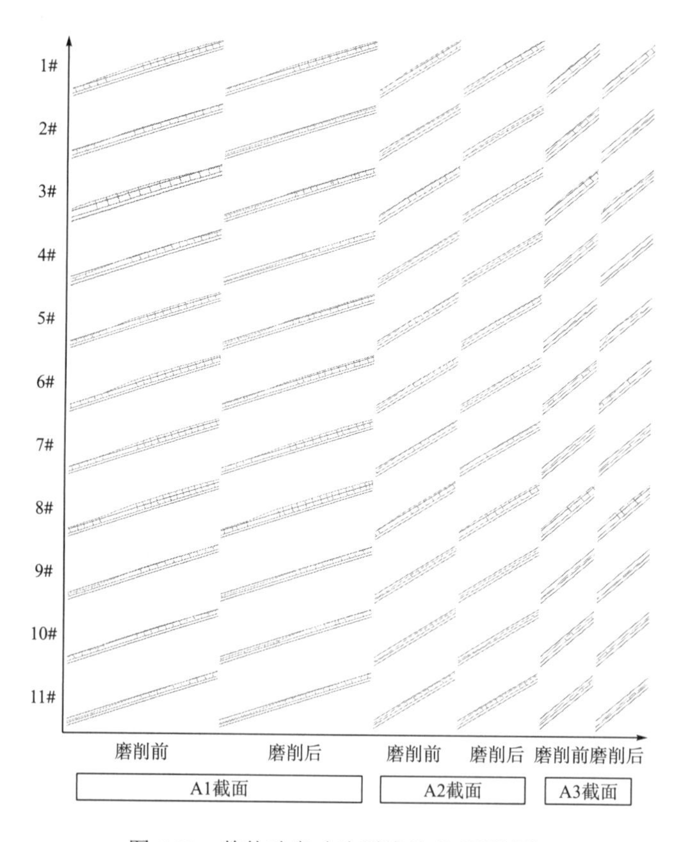

图 5.10　整体叶盘叶片型线轮廓(见附图)

如图 5.11 所示，精铣之后，叶片叶背型线精度为 0.036～0.082 mm，叶片叶盆型线精度为 0.050～0.100 mm，且大部分型线精度大于 0.050 mm，不能满足叶片型线精度要求。而在磨削以后，叶片叶背型线精度为 0.024～0.044 mm，叶片叶盆型线精度为 0.032～0.048 mm，满足叶片目前国际上–0.03～+0.05mm 型线精度要求。

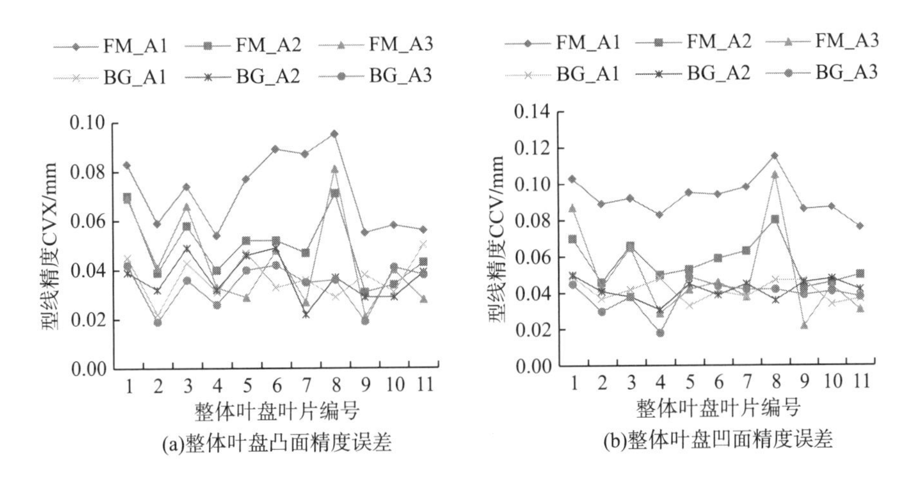

图 5.11　整体叶盘叶片型线精度分析

从上面的精度分析可以看出，一方面叶背的型线精度普遍比叶盆的型线精度高，这主要是由于在加工过程中叶背与砂带的接触面积小于叶盆，有利于提高型线精度；同时可以看出，整体叶盘叶片在中间部位其型线精度较高，精铣之后精度为 0.040～0.070 mm，原因是虽然精铣加工考虑了叶片变形，但是无法自适应叶片前端的大变形以及后端的小变形，而磨削以后，没有出现如铣削加工型线精度在不同截面差距较大的情况，由此可以得出，砂带磨削对于适应叶片变形具有更大的优势。

5.3.2　整体叶盘进排气边缘精度分析

如图 5.12 所示为整体叶盘边缘三坐标测量轮廓型线。可以看出，叶片进气边缘的型线误差普遍大于排气边的误差，与整体叶盘型面的轮廓曲线比较可以看出，进、排气边是加工误差的主要来源。虽然在砂带磨削以后某些边缘会有过切的现象，但是磨削以后的边缘轮廓精度明显提高，同时可以看出，在砂带磨削以后边缘的偏头、方根和尖头的现象都得到了改善，且边缘与叶身型面之间的转接光滑过渡，这对于提高叶片气流动力性能具有重要影响。

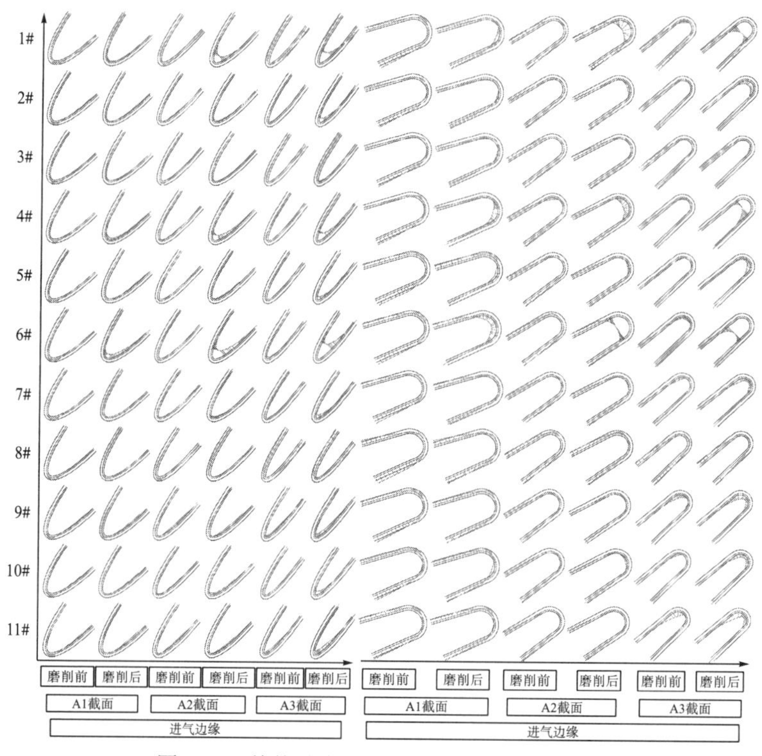

图 5.12 整体叶盘叶片进排气边缘型线轮廓

为了进一步分析整体叶盘边缘的磨削效果，对三坐标测试轮廓进行图形分析，得到每一个轮廓进排气边缘的最大啮合真实 R 值，其结果如图 5.13 所示。其中图 5.13(a)所示为进气边缘真实 R 测试值，图 5.13(b)所示为排气边缘真实 R 测试值。可以看出，砂带磨削以后的真实 R 值并不是一味地减小，也可以使得边缘 R 增加，由此可以优化铣削边缘。

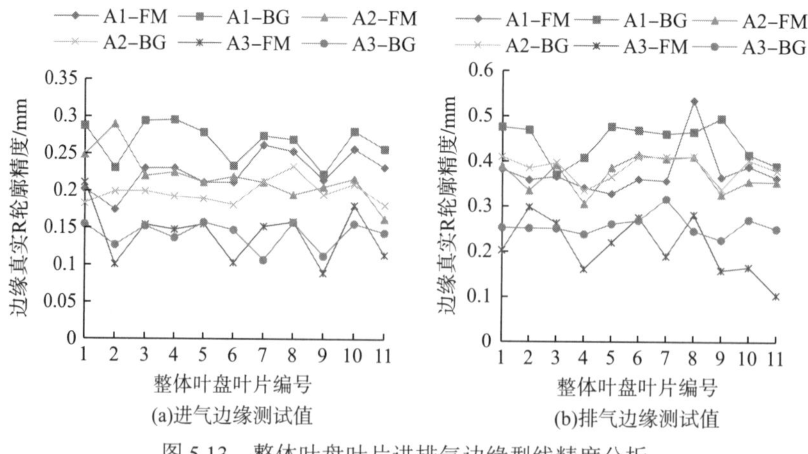

图 5.13 整体叶盘叶片进排气边缘型线精度分析

如图 5.14 所示为整体叶盘叶片进、排气边缘型线精度误差分析。其中图 5.14(a)所示为进气边缘真实 R 测试值与理论值之间的误差，图 5.14(b)所示为排气边缘真实 R 测试值与理论值之间的误差。可以看出，进、排气边铣削以后边缘误差较大，对于进气边误差最大值达到–58%，而排气边误差值最大值达到 70%。在砂带磨削以后，进、排气边边缘真实 R 值误差在±20%以内。同时可以看出，进、排气边在 A2 界面误差变化较大，且普遍大于其他界面的误差分布，这主要是由于在砂带磨削过程中，对于叶片尖部利用了变形控制适应技术，可以减少由于叶片变形所带来的误差，对于叶根部位的界面变形较小，磨削精度较高，但是对于 A2 界面由于变形较小，低于控制精度范围，从而造成误差较大。

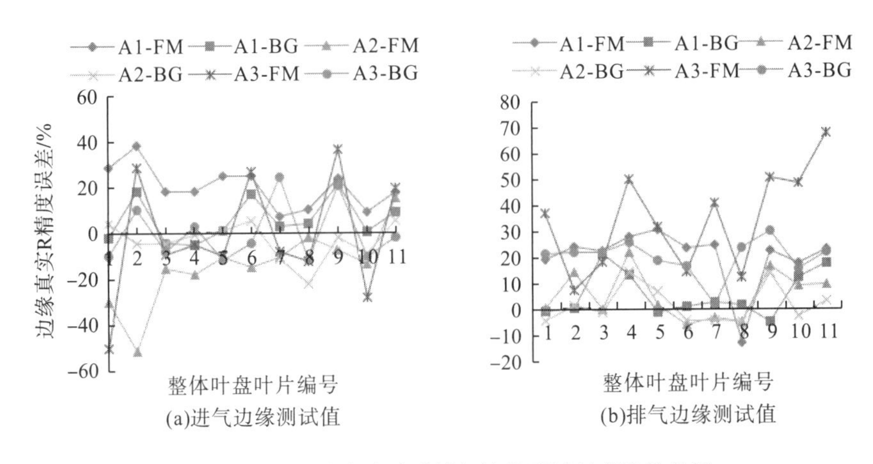

图 5.14　整体叶盘叶片进排气边缘型线精度误差分析

通过以上的分析可以看出，由磨削后的进排气边缘缘点处尺寸误差测量数据可知，优化后缘点位置的尺寸误差得到了明显改善，试验结果表明提出的叶片边缘磨削材料去除量预测模型和通过控制磨削工艺参数实现叶片边缘当量磨削的方法是合理可行的，同时通过工艺试验也为工厂现场磨削工程应用提供了理论及试验分析依据。

5.3.3　整体叶盘根部精度分析

转接角 R 处是叶片受力最大的区域，而且由于转接角 R 处叶片厚度突变，应力集中最为严重，所以在叶片高负荷运转的过程中，容易在转接角 R 处产生断离，导致叶片报废，严重影响航空发动机的安全性和寿命。

如图 5.15 所示为整体叶盘根部磨削效果。其中图 5.15(a)所示为整体叶盘根部精铣效果，图 5.15(b)、(c)分别为整体叶盘根部磨削效果图。可以看出，磨削以后，根部光洁度高、磨削纹路清晰且纹理朝着纵向方向，这有利于提高根部的疲劳寿命。同时可以看出，根部并未出现明显的过磨现象，根部磨削精度较高。

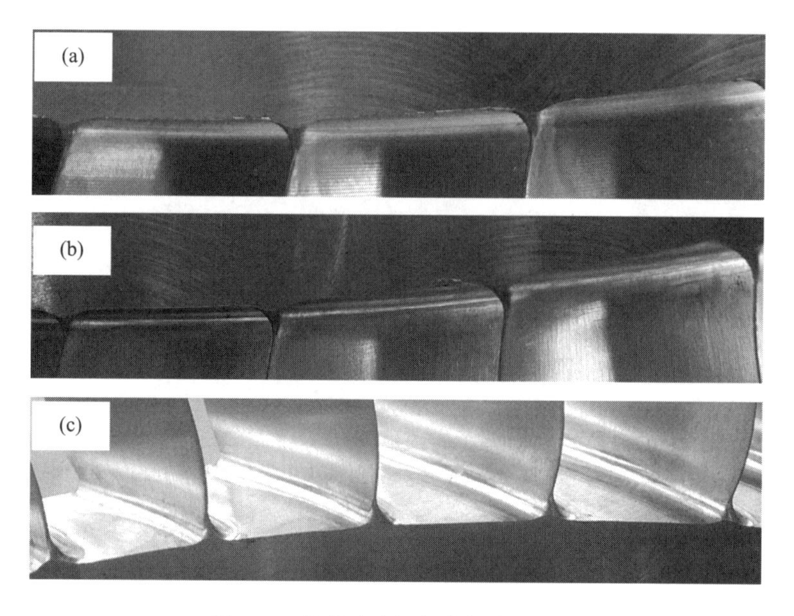

图 5.15 整体叶盘根部磨削结果分析

5.4 整体叶盘砂带磨削精度一致性分析

5.4.1 整体叶盘砂带磨削精度一致性评价方法

由于整体叶盘由多个叶片组成，根据“木桶定律”，整体叶盘的性能和寿命取决于型面精度(型线精度和表面质量)最差的叶片。因此，在满足整体叶盘型面精度的前提下，提高各叶片型面精度一致性对其性能和寿命具有重要的影响。

但是要判断磨削加工的一致性有许多不确定因素，而这些不确定性判断产生的原因大致可分为两种：①由于定性转为定量表示的复杂性使得判断的表示产生不确定性；②由于信息不完备或面临的问题比较复杂，难以给出一个明确的判断[178,179]。由于衡量整体叶盘精度包含了型线精度、表面粗糙度、残余应力、表面型貌等方面，且对于表面型貌等难以定量描述，因此在衡量过程中会面临上述两个问题。对于该类问题，目前在医学领域对于不同检测数据的一致性采用 Bland-Altman 方法进行分析[180,181]。同时标准差是反应一组数据离散程度最常用的一种量化形式，是表示精确性的重要指标。虽然样本的真实值不知道，但检测值应该很紧密地分散在真实值周围。如不紧密，那距真实值的误差就会很大，准确性当然也就不好，导致离散度大，不会测出准确的结果。因此，本书采用 Bland-Altman 方法和标准差两种方法对整体叶盘叶片精度一致性进行综合评价。

对定量测量资料进行一致性评价的 Bland-Altman 方法，最初是由英国学者 Bland 和 Altman 于 1983 年提出的[182]。该方法的基本思想是，利用原始数据的均值与差值，分别以均值为横轴，以差值为纵轴做散点图，计算差值的均数以及差值的 95%分布范围，认为有 95%的差值位于该一致性界限以内则数据一致性较好。在现有软件中，Medcalc 软件可以直接绘制 Bland-Altman 图，其余的均比较烦琐或者需要编程。

标准差的计算公式如下：

$$S=\sqrt{\frac{(X_1-E(X))^2+\cdots+(X_n-E(X))^2}{n}} \tag{5.1}$$

其中：

$$E(X)=\frac{\sum_{k=1}^{n}X_k}{n} \tag{5.2}$$

为了综合表征整体叶盘型面精度的一致性，结合前文对整体叶盘表面粗糙度以及型线精度一致性的分析结果，采用加权法对其进行计算，其型面精度一致性评价公式为

$$C=\mu_1 S_1+\mu_2 S_2+\cdots+\mu_n S_n$$

式中，C 为型面精度一致性评价参数，μm；$S_1,\cdots,S_n$ 为各参数标准差；$\mu_1,\cdots,\mu_n$ 为加权系数，并且 $\mu_1+\mu_2+\cdots+\mu_n=1$。

5.4.2　砂带磨削表面完整性精度一致性分析

整体叶盘表面完整性的评价参数包括了表面粗糙度、表面硬度、表面型貌、残余应力等参数，对于表面型貌等难以定量的分析。由于目前广泛采用表面粗糙度来定量衡量整体叶盘的表面质量，因此本书对于整体叶盘的表面质量用表面粗糙度来分析。

对整体叶盘不同叶片的表面粗糙度标准差进行计算，如图 5.16(a)所示，磨削之后各叶片叶背之间的表面粗糙度标准差由精铣的 0.051～0.182 μm 提升至磨削的 0.010～0.044 μm。同时如图 5.16(b)所示，磨削之后各叶片叶盆之间的表面粗糙度标准差由精铣的 0.092～0.331 μm 提升至磨削的 0.011～0.058 μm。从标准差的结果可以看出，磨削以后数据变小，且数据范围明显减小。

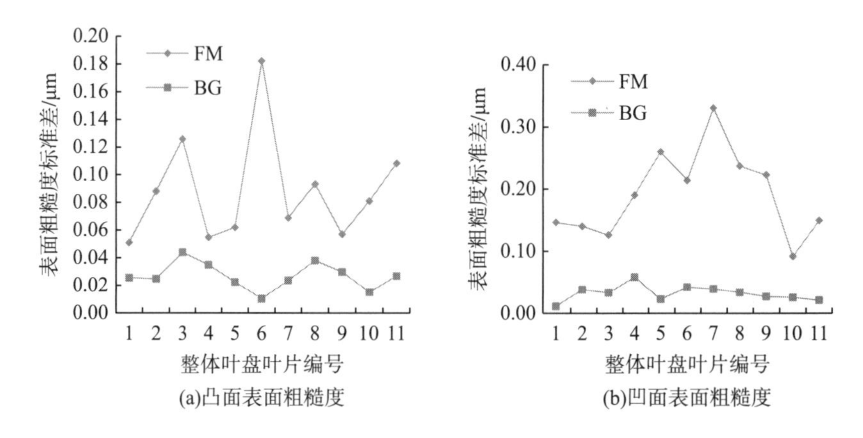

(a)凸面表面粗糙度 (b)凹面表面粗糙度

图 5.16 整体叶盘叶片表面粗糙度标准差分析

对整体叶片不同测试截面的表面粗糙度标准差进行计算，如图 5.17(a)所示，磨削之后各叶片叶背的表面粗糙度标准差由精铣的 0.158～0.183 μm 提升至磨削的 0.030～0.040 μm。同时如图 5.17(b)所示，磨削之后各叶片叶盆的表面粗糙度标准差由精铣的 0.143～0.205 μm 提升至磨削的 0.024～0.036 μm。

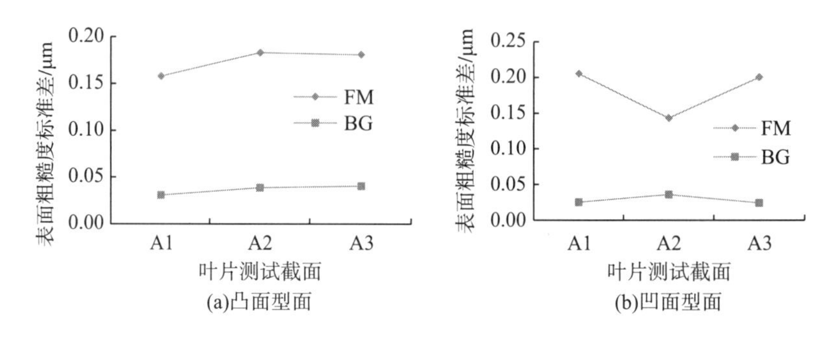

(a)凸面型面 (b)凹面型面

图 5.17 叶片各测试截面表面粗糙度标准差分析

图 5.18 为叶片凹面型面磨削前后表面粗糙度 Bland-Altman 分析结果。图中上下两条虚线表示 95%一致性界限的上下限，即 1.96 倍的标准差(SD)；中间的实线表示差值的平均值(Mean)；纵轴表示平均表面粗糙度值与凹面精铣(或砂带磨削)后的表面粗糙度值的差值；横轴表示平均表面粗糙度值与凹面精铣(或砂带磨削)后的表面粗糙度值的均值。其中图 5.18(a)为凹面精密铣削表面粗糙度 Bland-Altman 分析，Bland-Altman 值为±0.03；图 5.18(b)为凹面砂带磨削表面粗糙度 Bland-Altman 分析，Bland-Altman 值为±0.008。可以看出，砂带磨削以后 Bland-Altman 值分布较为集中，仅有部分值超出范围，因此一致性较高。同时可以看出，精密铣削以后 Bland-Altman 值为正值，砂带磨削以后 Bland-Altman 值为负值。

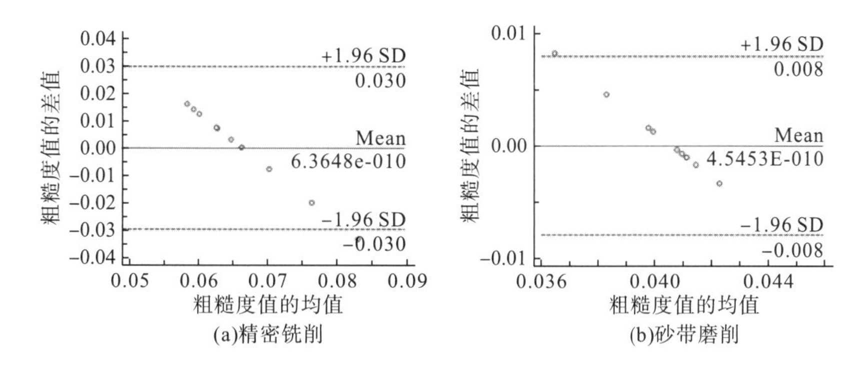

图 5.18　叶片凹面型面磨削前后表面粗糙度 Bland-Altman 分析

如图 5.19 为叶片凸面型面磨削前后表面粗糙度 Bland-Altman 分析结果。图中纵轴表示平均表面粗糙度值与凸面精铣(或砂带磨削)后的表面粗糙度值的差值；横轴表示平均表面粗糙度值与凸面精铣(或砂带磨削)后的表面粗糙度值的均值。其中图 5.18(a)为凸面精密铣削表面粗糙度 Bland-Altman 分析，Bland-Altman 值为±0.029；图 5.18(b)为凸面砂带磨削表面粗糙度 Bland-Altman 分析，Bland-Altman 值为±0.014。

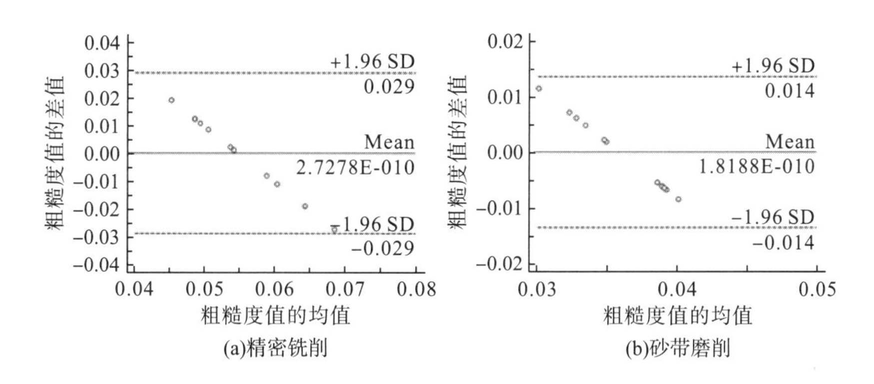

图 5.19　叶片凸面型面磨削前后表面粗糙度 Bland-Altman 分析

通过以上分析可以看出，砂带磨削以后 Bland-Altman 值降低了一半，表面粗糙度一致性显著提升，特别是在同一测试点的一致性上该方法效果更为明显。

5.4.3　砂带磨削轮廓精度一致性分析

对整体叶盘不同叶片的型线精度标准差进行计算，如图 5.20(a)所示，磨削之后各叶片叶背之间的型线精度标准差由精铣的 0.008～0.030 mm 提升至磨削的

0.003～0.009 mm。同时如图 5.20(b)所示，磨削之后各叶片叶盆之间的型线精度标准差由精铣的 0.015～0.032 mm 提升至磨削的 0.002～0.015 mm。

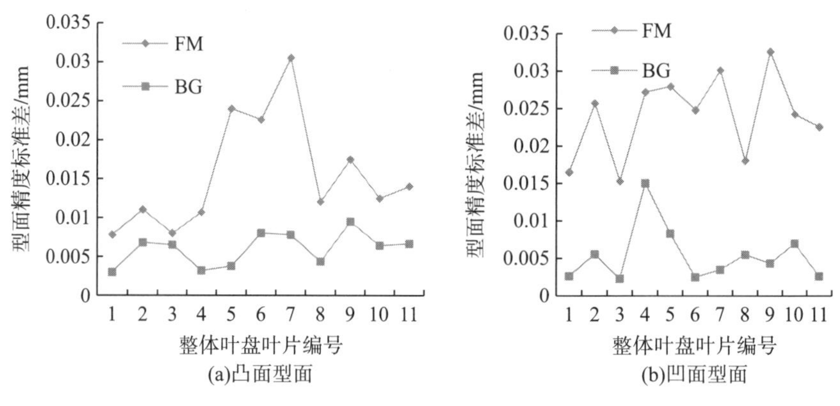

图 5.20 整体叶盘叶片型线精度标准差分析

对整体叶盘不同测试截面的型线精度标准差进行计算，如图 5.21(a)所示，磨削之后各叶片叶背的型线精度标准差由精铣的 0.013～0.020 mm 提升至磨削的 0.0086～0.0088 mm。同时如图 5.21(b)所示，磨削之后各叶片叶盆的型线精度标准差由精铣的 0.011～0.026 mm 提升至磨削的 0.0056～0.0084 mm。

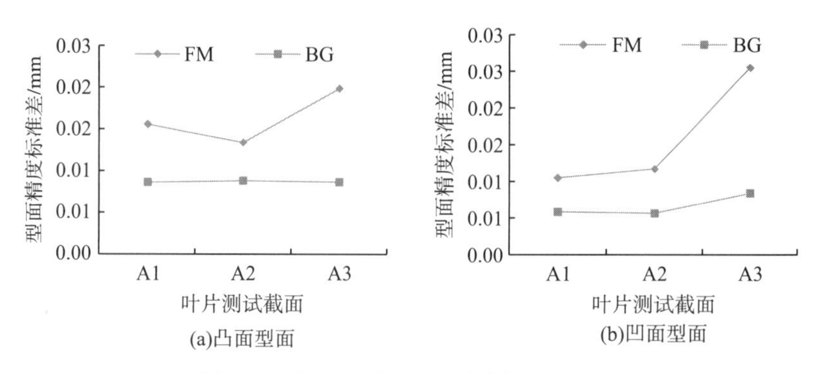

图 5.21 各测试截面型线精度标准差分析

图 5.22 为叶片凹面型面磨削前后精度 Bland-Altman 分析结果。图中纵轴表示平均表面粗糙度值与凹面型面精铣(或砂带磨削)后的表面粗糙度值的差值；横轴表示平均表面粗糙度值与凹面型面精铣(或砂带磨削)后的表面粗糙度值的均值。其中图 5.22(a)为凹面型面精密铣削精度 Bland-Altman 分析，Bland-Altman 值为±0.18；图 5.22(b)为凹面型面精密砂带磨削 Bland-Altman 分析，Bland-Altman 值为±0.036。可以看出，砂带磨削以后 Bland-Altman 值变为精密铣削的 1/5，精度一致性显著提高。

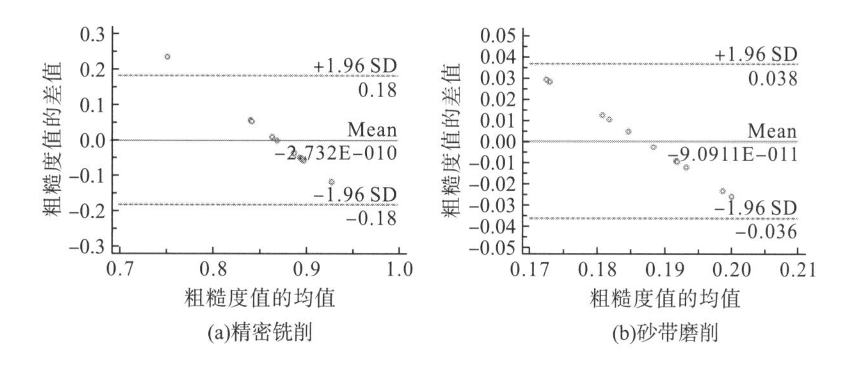

(a)精密铣削　(b)砂带磨削

图 5.22　叶片凹面型面磨削前后精度 Bland-Altman 分析

图 5.23 为叶片凸面型面磨削前后精度 Bland-Altman 分析结果。图中纵轴表示平均表面粗糙度值与凸面型面精铣(或砂带磨削)后的表面粗糙度值的差值；横轴表示平均表面粗糙度值与凸面型面精铣(或砂带磨削)后的表面粗糙度值的均值。其中图 5.23(a)为凸面型面精密铣削精度 Bland-Altman 分析，Bland-Altman 值为±0.3；图 5.23(b)为凸面型面精密砂带磨削 Bland-Altman 分析，Bland-Altman 值为±0.06。

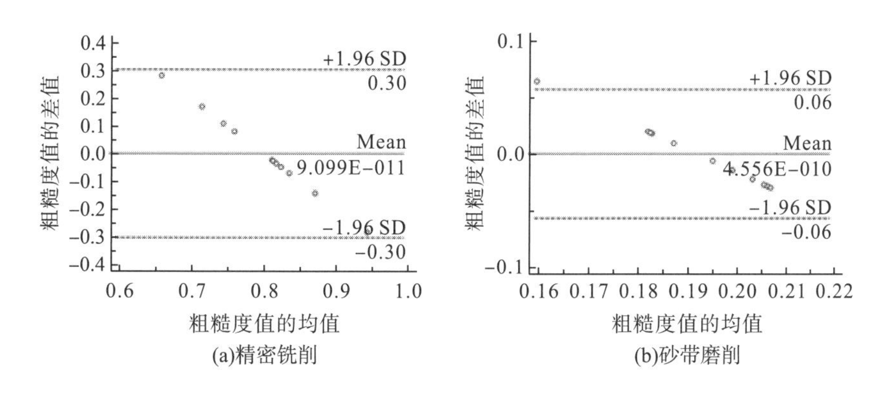

(a)精密铣削　(b)砂带磨削

图 5.23　叶片凸面型面磨削前后精度 Bland-Altman 分析

通过以上分析可以看出，叶片经砂带磨削以后，Bland-Altman 值变为精密铣削的 1/5，型线精度一致性显著提升，特别是在同一测试截面的一致性上该方法效果更为明显。

5.4.4　整体叶盘精度一致性综合分析

本书仅对型面精度的表面粗糙度以及型线精度进行了分析，其加权系数分别为 μ_1 和 μ_2，对于磨削加工，表面粗糙度是一个重要衡量指标，因此在这里

设定 μ_1=0.55，μ_2=0.45。因此可以得到如图 5.24 所示的型面精度一致性综合分析结果。

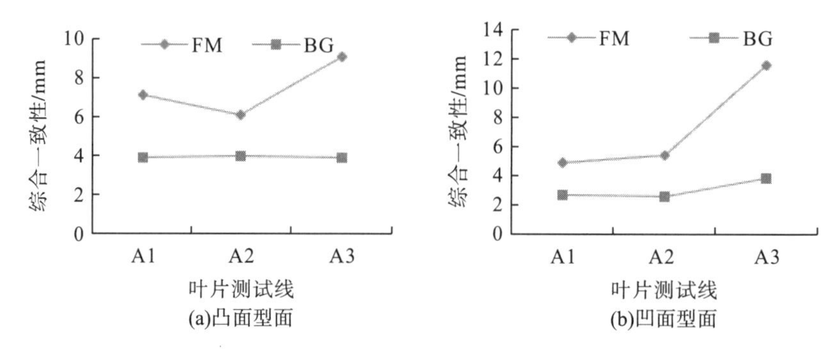

图 5.24 各测试截面型面精度一致性综合分析

如图 5.24(a)所示，磨削之后叶片叶背的型面精度一致性由精铣的 6.127～9.031 μm 提升至磨削的 3.907～3.992 μm。同时如图 5.24(b)所示，磨削之后各叶片叶盆的型面精度一致性由精铣的4.838～11.595 μm提升至磨削的2.553～3.794 μm。通过以上对型面精度一致性的综合分析进一步说明了该方法的有效性。

至此，完成了整体叶盘砂带磨削表面完整性、型面轮廓精度以及精度一致性的分析，为了进一步比较该方法的加工水平，将上述结果与国内外整体叶盘加工水平进行了对比，如表 5.4 所示。

表 5.4 整体叶盘砂带磨削精度对比分析

项目	本方法	国内水平	国外水平
表面粗糙度	≤0.25μm	≤0.4μm	≤0.4μm
表面残余应力	–200～–400 MPa	无相关报道	无相关报道
表面纹理	方向一致性好，且纵向纹理	无相关报道	无相关报道
型面精度	–0.03～+0.05mm	–0.03～+0.05mm	–0.03～+0.05mm
进排气边精度	–0.03～+0.05mm	无相关报道	无相关报道
叶根精度	平滑过渡	无相关报道	无相关报道
一致性分析	Bland-Altman 值降低 80%	无相关报道	无相关报道

5.5 本 章 小 结

首先介绍了整体叶盘数控砂带磨削实验装置、实验方法以及实验方案。其次分别从表面粗糙度、表面残余应力、表面形貌对整体叶盘砂带磨削表面完整性进行了分析；同时分别从叶身型面精度、进排气边缘精度和根部精度方面分析了整体叶盘砂带磨削型面轮廓精度。最后，介绍了整体叶盘砂带磨削精度一致性评价方法，并且从砂带磨削表面完整性精度和砂带磨削轮廓精度对整体叶盘砂带磨削精度的一致性进行了综合分析。磨削实验表明：采用开式砂带磨削以后，表面光洁度显著提高，表面粗糙度 $R_a \leqslant 0.25$ μm，表面残余应力在–200～–400 MPa，表面纹理均匀且没有出现严重的烧伤现象，并且通过一致性分析可以看出磨削以后表面粗糙度和轮廓精度 Bland-Altman 值分别降低了 50%和 80%，综合表面质量一致性显著提高。

参 考 文 献

[1] 黄云, 肖贵坚, 邹莱. 整体叶盘抛光技术的研究现状及发展趋势[J]. 航空学报, 2016, 37(7)：1401-1419.

[2] 王增强. 先进航空发动机关键制造技术[J].航空制造技术, 2015 (22)：34-38.

[3] 史耀耀, 段继豪, 张军峰, 等. 整体叶盘制造工艺技术综述[J]. 航空制造技术, 2012, (3)：26-31.

[4] 张海艳, 张连锋. 航空发动机整体叶盘制造技术国内外发展概述[J]. 航空制造技术, 2013, (23/24)：38-41.

[5] Zhan H, Zhao W, Wang G. Manufacturing turbine blisks[J]. Aircraft Engineering and Aerospace Technology, 2000, 72(3)：247-251.

[6] Secherling A, Loof C. Method for manufacturing blisks：United States, US20110308966A1[P]. 2011-12-22.

[7] 程荣凯. 整体叶盘型面磨削加工工艺研究[D]. 重庆：重庆大学, 2014：1-2.

[8] Xiao G J, Huang Y. Equivalent self-adaptive belt grinding for the real-R edge of an aero-engine precision-forged blade [J]. The International Journal of Advanced Manufacturing Technology, 2016, 83(9)：1697-1706.

[9] 肖贵坚, 黄云, 伊浩. 面向型面精度一致性的整体叶盘砂带磨削新方法及实验研究[J]. 航空学报, 2016, 37(5)：1667-1677.

[10] 刘召洋. 整体叶盘叶片型面砂带磨削路径规划与机床空间轴系分析[D]. 重庆：重庆大学，2014：18-19.

[11] 罗皎, 李淼泉.高性能整体叶盘制造技术研究进展[J]. 精密成形工程,2015,7(6)：1-7, 24.

[12] 张少平, 李冠达, 安利平, 等. 纤维增强钛基复合材料整体叶环设计技术[J]. 燃气涡轮试验与研究,2015, 28(1)：45-48, 53.

[13] 宋桂珍. 磨料流加工技术的理论分析和实验研究[D]. 大连：大连理工大学, 2010：1-2.

[14] 于博. 复杂形状零件的磨料流超精密抛光装置夹具研究[D].长春：长春理工大学，2012：2-4.

[15] 季田, 卞桂虹, 刘向东, 等. 离心压缩机窄流道闭式叶轮抛光工艺研究[J].金刚石与磨料磨具工程, 2007, (6)：38-41.

[16] 郭应竹. 整体叶轮叶片型面抛光的最佳选择——磨料流加工[J]. 航空工艺技术, 1995, (5)：27-29.

[17] 郭应竹. 磨料流去除电解加工型面腐蚀层的工艺研究[J]. 航空工艺技术, 1997, (5)：39-40.

[18] Williams R E. Rajurkar K P. Metal removal and surface finish characteristics in abrasive flow machining[D]. Nebraska：University of Nebraska, Lincoln, 1989.

[19] Williams R E, Melton V L. Abrasive flow finishing of stereolithography prototypes[J]. Rapid Prototyping Journal, 1998, 4(2)：56-67.

[20] Berlanger S, Bordu S, Maleville T J, et al. Process for manufacturing a single-piece blisk by cutting with an abrasive water jet：United States, US20110016715A1[P]. 2009-3-25.

[21] Berlanger S, Bordu S, Maleville T J, et al. Process for manufacturing a single-piece blisk with a temporary blade support ring removed after a milling finishing step：United States, US20110041334A1[P]. 2009-3-25.

[22] Berlanger S, Bordu S, Maleville T J, et al. Process for manufacturing a single-piece blisk with a temporary blade support ring removed before a milling step：United States, US20110023300A1[P]. 2009-3-25.

[23] Berlanger S, Bordu S, Maleville T J, et al. Process for manufacturing a single-piece blisk with a temporary blade support ring removed before a milling finishing step：United States, US20110016716A1[P]. 2009-3-25.

[24] 高航, 吴鸣宇, 付有志, 等. 流体磨料光整加工理论与技术的发展[J]. 机械工程学报, 2015,51(7)：174-187.

[25] 朱建辉. 航空叶轮的磨料流加工模拟分析及可行性研究[D].大连：大连理工大学，2013：43-55.

[26] 刘向东, 季田, 庞占元, 等. 离心压缩机叶轮流道磨料流抛光及其对压缩机效率的影响[J]. 组合机床与自动化加工技术, 2009, (3)：12-15.

[27] 张森棠, 李冬梅, 赵恒, 等. 一种整体叶盘双驱动轴复合自动光整加工方法：中国, ZL200910248649.4[P]. 2011-06-29.

[28] 蔺小军, 吴广, 张军锋, 等. 整体叶盘磨粒流抛光用夹具：中国, ZL201310068486.8[P]. 2013-05-22.

[29] 郭龙文, 杨能阁, 陈燕. 磁力研磨工艺对整体叶盘表面完整性的影响[J]. 中国表面工程, 2013,26(3)：10-14.

[30] 郭龙文.磁力研磨加工对 TC4 钛合金表面完整性影响的研究[D]. 鞍山：辽宁科技大学, 2014：3-5.

[31] 陈燕, 周锟, 牛凤丽, 等. 航空发动机整体叶盘磁力研磨光整实验[J]. 航空动力学报, 2015, 30(10)：2323-2330.

[32] 杜兆伟, 陈燕, 周锟, 等. 磁力研磨法对整体叶盘的抛光工艺研究[J]. 航空制造技术,2015, (20)：93-95, 100.

[33] Li X, Meng F J, Cui W, et al. The CNC grinding of integrated impeller with electroplated CBN wheel[J]. The International Journal of Advanced Manufacturing Technology, 2015, 79(5)：1353-1361.

[34] 王福元. 整体叶轮叶片型面数控电解精加工的若干关键技术研究[D]. 南京：南京航空航天大学,2012：6-14.

[35] Klockea F, Zeisa M, Klinka A, et al. Experimental research on the electrochemical machining of modern titanium- and nickel-based alloys for aero engine components[J]. Procedia CIRP, 2013, 6：368-372.

[36] Klockea F, Zeisa M, Klinka A, et al. Technological and Economical Comparison of Roughing Strategies via Milling, EDM and ECM for Titanium-and Nickel-based Blisks[J]. Procedia CIRP, 2012, 2：98-101.

[37] Klockea F, Zeisa M, Klinka A, et al. Technological and economical comparison of roughing strategies via milling, sinking-EDM, wire-EDM and ECM for titanium- and nickel-based blisks[J]. CIRP Journal of Manufacturing Science and Technology, 2013, 6：198-203.

[38] 陈修文. 整体叶盘电解加工的流场仿真与试验[D]. 南京：南京航空航天大学, 2012：24-27.

[39] 孙春都. 整体叶盘型面电解加工阴极设计与试验研究[D]. 南京：南京航空航天大学, 2013：27-53.

[40] 赵建社, 王福元, 徐家文, 等. 整体叶轮自由曲面叶片精密电解加工工艺研究[J].航空学报, 2013, 34(12)：2841-2848.

[41] 王福元, 赵建社. 基于电解扫掠成形原理的整体叶盘叶根加工方法[J]. 航空学报,2015, 36(10)：3457-3464.

[42] ZHU D, ZHU D, XU Z Y, et al. Trajectory control strategy of cathodes in blisk electrochemical machining[J]. Chinese Journal of Aeronautics, 2013,26(4)：1064-1070.

[43] 刘嘉, 徐正扬, 万龙凯, 等.整体叶盘叶型电解加工流场设计及实验[J].航空学报,2014,35(1)：259-267.

[44] Liu X, Kang X, Zhao W, et al. Electrode feeding path searching for 5-axis EDM of integral shrouded blisks[J]. Procedia CIRP, 2013, 6：107-111.

[45] Tang L, Gan W M. Utilization of flow field simulations for cathode design in electrochemical machining of aerospace engine blisk channels[J]. The International Journal of Advanced Manufacturing Technology, 2014, 72: 1759-1766.

[46] Xu Z Y, Xu Q, Zhu D, et al. A high efficiency electrochemical machining method of blisk channels[J]. CIRP Annals-Manufacturing Technology, 2013, 62: 187-190.

[47] 刘嘉, 徐正扬, 万龙凯, 等. 整体叶盘型面电解加工阴极进给方向优化及试验研究[J]. 机械工程学报, 2014,50(7): 146-153.

[48] Zhu D, Zhu D, Xu Z Y. Optimal design of the sheet cathode using W-shaped electrolyte flow mode in ECM[J]. The International Journal of Advanced Manufacturing Technology, 2012, 62: 147-156.

[49] 孙伦业,徐正扬,朱荻.叶盘通道径向电解加工的流场设计及试验[J].华南理工大学学报(自然科学版),2013,41(3): 95-100.

[50] Xu Z Y, Sun L Y, Hu Y, et al. Flow field design and experimental investigation of electrochemical machining on blisk cascade passage[J]. The International Journal of Advanced Manufacturing Technology, 2014,71: 459-469.

[51] 刘嘉, 方忠东, 邓守成, 等. 整体叶盘电解加工阴极修正方法与试验[J]. 南京航空航天大学学报, 2014,46(5): 744-749.

[52] 万龙凯, 曲宁松, 刘嘉, 等. 整体叶盘型面电解加工阴极“C”形加强筋结构优化设计[J]. 机械制造与自动化, 2015 (3): 5-8, 16.

[53] 朱海南, 于冰, 王德新, 等. 一种整体叶盘叶片型面抛光的加工装置及方法: 中国, ZL201110356510.9[P]. 2012-06-13.

[54] Zhang X, Kuhlenkötter B, Kneupner K. An efficient method for solving the Signorini problem in the simulation of free-form surfaces produced by belt grinding[J]. International Journal of Machine Tools & Manufacture, 2005,45: 641-648.

[55] Ren X, Kuhlenkötter B, Müller H. Simulation and verification of belt grinding with industrial robots[J]. International Journal of Machine Tools & Manufacture, 2006, 46: 708-716.

[56] Ren X, Cabaravdic M, Zhang X, et al. A local process model for simulation of robotic belt grinding[J]. International Journal of Machine Tools & Manufacture, 2007, 47: 962-970.

[57] Sun Y Q, Giblin D J, Kazerounian K. Accurate robotic belt grinding of workpieces with complex geometries using relative calibration techniques[J]. Robotics and Computer-Integrated Manufacturing, 2009, 25: 204-210.

[58] 赵扬.机器人磨削叶片关键技术研究[D].长春: 吉林大学, 2009: 91-92.

[59] Zhang D, Yun C, Song D Z. Dexterous space optimization for robotic belt grinding[J]. Procedia Engineering, 2011,15: 2762-2766.

[60] Wang W, Yun C, Zhang L, et al. Designing and optimization of an off-line programming system for robotic belt grinding process[J]. Chinese Journal of Mechanical Engineering, 2011, 24(4): 647-655.

[61] Wang W, Yun C. A path planning method for robotic belt surface grinding[J]. Chinese Journal of Aeronautics, 2011, 24: 520-526.

[62] Gao Z H, Lan X D, Bian Y S. Structural dimension optimization of robotic belt grinding system for grinding

workpieces with complex shaped surfaces based on dexterity grinding space[J]. Chinese Journal of Aeronautics, 2011, 24：346-354.

[63] Song Y X, Liang W, Yang Y. A method for grinding removal control of a robot belt grinding system[J]. Journal of Intelligent Manufacturing, 2012, 23：1903-1913.

[64] 张海洋.叶片砂带磨削机器人轨迹规划与离线编程[D].武汉：华中科技大学,2014：7-8.

[65] ZHU D H, LUO S Y, YANG L, et al. On energetic assessment of cutting mechanisms in robot-assisted belt grinding of titanium alloys[J]. Tribology International, 2015,90：55-59.

[66] 徐文秀, 史耀耀. 整体叶盘机器人自动化抛光技术[J]. 机械设计, 2010,27(7)：47-50.

[67] 史耀耀, 蔺小军, 李小彪, 等. 一种用于抛光整体叶盘的磨头机构：中国, ZL201110190191.9[P]. 2011-11-23.

[68] 史耀耀, 段继豪, 李小彪, 等. 一种用于整体叶盘表面抛光的柔性磨头：中国, ZL201110237499.4[P]. 2011-12-07.

[69] 李小彪, 史耀耀, 董婷, 等. 一种用于整体叶盘抛光的磨头成型方法：中国, ZL201110257776.8[P]. 2011-12-14.

[70] 史耀耀, 蔺小军, 李小彪, 等. 一种整体叶盘叶片型面的数控抛光方法：中国, ZL201110257777.2[P]. 2011-12-14.

[71] 史耀耀, 蔺小军, 李小彪, 等. 一种用于抛光整体叶盘的磨头机构：中国, ZL201120237405.9[P]. 2012-02-08.

[72] 段继豪, 史耀耀, 李小彪, 等. 整体叶盘柔性磨头自适应抛磨实现方法[J]. 航空学报, 2011, 32(5)：934-940.

[73] 蔺小军, 杨阔, 吴广, 等. 开式整体叶盘叶片型面数控抛光编程与工艺实验研究[J]. 航空精密制造技术, 2013 (2)：38-40, 34.

[74] Zhao T, Shi Y Y, Lin X J, et al. Surface roughness prediction and parameters optimization in grinding and polishing process for IBR of aero-engine[J]. The International Journal of Advanced Manufacturing Technology, 2014, 74：653-663.

[75] Zhao P B, Shi Y Y. Posture adaptive control of the flexible grinding head for blisk manufacturing[J]. The International Journal of Advanced Manufacturing Technology, 2014, 70：1989-2001.

[76] ZHAO P B, SHI Y Y. Adaptive sliding mode control of the A-axis used for blisk manufacturing[J]. Chinese Journal of Aeronautics, 2014, 27(3)：708-715.

[77] 黄云，黄智. 现代砂带磨削技术及工程应用[M]. 重庆：重庆大学出版社，2009：12-16.

[78] 黄云, 杨俊峰, 叶潇潇, 等. 一种适应于航空航天整体叶盘叶片内外弧面的砂带磨削装置：中国, ZL2012102340507[P]. 2014-06-18.

[79] 黄云,杨俊峰,叶潇潇,等.适用于航空航天整体叶盘叶片内、外弧面的砂带磨削装置：中国, 201220327496.X[P]. 2013-01-23.

[80] 魏和平. 整体叶盘叶片内外弧型面砂带磨削技术研究[D]. 重庆：重庆大学，2014：40-43.

[81] Xiao G J, Huang Y. Constant-load adaptive belt polishing of the weak-rigidity blisk blade [J]. The International Journal of Advanced Manufacturing Technology, 2015, 78(9-12)：1473-1484.

[82] 张雷, 刘春辉, 王昕, 等. 一种用于整体叶盘自动磨抛的砂带工具系统：中国, ZL201310018970.X[P]. 2013-04-10.

[83] 张雷, 刘春辉, 王昕, 等. 一种用于整体叶盘自动磨抛的砂带工具系统：中国, ZL201320027333.4[P]. 2013-07-24.

[84] 张雷, 王昕, 张小光, 等. 整体叶盘磨抛加工与测量一体化装置：中国, ZL201310358708.X[P]. 2013-12-18

[85] 张雷, 王昕, 张小光, 等. 整体叶盘磨抛加工与测量一体化装置：中国, ZL201320502554.2[P]. 2014-03-12.

[86] 张雷, 贺昌龙, 唐洪峰, 等. 用于整体叶盘叶片进排气边和叶根磨抛的集成式工具系统：中国, ZL201410126559.9[P]. 2014-06-04.

[87] 张雷, 贺昌龙, 唐洪峰, 等. 用于整体叶盘叶片进排气边和叶根磨抛的集成式工具系统：中国, ZL201420132362.1[P]. 2014-07-30.

[88] 赵怀祥. 抛磨整体叶盘工具系统研究[D].长春：吉林大学, 2011：8-9.

[89] 齐文. 整体叶盘磨削工具系统研究[D]. 长春：吉林大学, 2012：11-12.

[90] 刘春辉. 整体叶盘砂带磨抛工具系统研究[D]. 长春：吉林大学, 2014：6-7.

[91] 张福庆. 整体叶盘磨抛机床虚拟样机研究[D]. 长春：吉林大学, 2013：9-10.

[92] 张小光. 整体叶盘磨抛测机床结构优化与分析[D]. 长春：吉林大学, 2014：5.

[93] 孙振江. 整体叶盘砂带磨抛加工轨迹规划研究[D]. 长春：吉林大学, 2014：8-9.

[94] 徐义程. 整体叶盘磨抛力/位解耦控制研究[D]. 长春：吉林大学, 2014：8-9.

[95] 袁帅. 整体叶盘磨抛检测一体化机床结构开发与装配工艺研究[D]. 长春：吉林大学, 2015：5-6.

[96] Mansori M El, Sura E, Ghidossi P, et al. Toward physical description of form and finish performance in dry belt finishing process by a tribo-energetic approach[J]. Journal of Materials Processing Technology, 2007, 182：498-511.

[97] Mezghani S, Mansori M E. Abrasiveness properties assessment of coated abrasives for precision belt grinding[J]. Surface & Coatings Technology, 2008, 203：786-789.

[98] Mezghani S, Mansori M E, Massaq A, et al. Correlation between surface topography and tribological mechanisms of the belt-finishing process using multiscale finishing process signature[J]. Comptes Rendus Mecanique, 2008, 336：794-799.

[99] Mezghani S, Mansori M E, Sura E. Wear mechanism maps for the belt finishing of steel and cast iron[J]. Wear, 2009, 267：86-91.

[100] Mezghani S, Mansori M E, Zahouani H. New criterion of grain size choice for optimal surface texture and tolerance in belt finishing production[J]. Wear, 2009,266：578-580.

[101] Serpin K, Mezghani S, Mansori M E. Wear study of structured coated belts in advanced abrasive belt finishing[J]. Surface & Coatings Technology, 2015, 284：365-376.

[102] Serpin K, Mezghani S, Mansori M E. Multiscale assessment of structured coated abrasive grits in belt finishing process[J]. Wear, 2015, 332-333：780-787.

[103] Jourani A, Hagege B, Bouvier S, et al. Influence of abrasive grain geometry on friction coefficient and wear rate in belt finishing[J]. Tribology International, 2013, 59：30-37

[104] Jourani A, Dursapta M, Hamdia H, et al. Effect of the belt grinding on the surface texture：Modeling of the contact and abrasive wear[J]. Wear, 2005, 259：1137-1143.

[105] Rech J, Kermouche G, Grzesik W, et al. Characterization and modelling of the residual stresses induced by belt finishing on a AISI52100 hardened steel[J]. Journal of materials processing technology, 2008, 208：187-195.

[106] Khellouki A, Rech J, Zahouani H. The effect of lubrication conditions on belt finishing[J]. International Journal of Machine Tools & Manufacture, 2010, 50：917-921.

[107] Khellouki A, Rech J, Zahouani H. The effect of abrasive grain's wear and contact conditions on surface texture in belt finishing[J]. Wear, 2007, 263：81-87.

[108] 肖贵坚. 砂带随动研磨曲轴连杆颈基础技术研究及应用[D]. 重庆：重庆大学,2011：8-9.

[109] Xiao G J, Huang Y, Huang Z. Online measurement of the crankshaft crankpin roundness errors in the process of coordinate polishing with abrasive tap[J]. Advanced Materials Research, 2010, 126-128：696-700.

[110] Zhang L, Huang Y, Huang Z. Study of the on-line testing method for the abrasive belt follow-up grinding of the journal of crankshaft connecting rod[J]. Advanced Materials Research, 2011, 487：407-412.

[111] Zhang M, Huang Y, Zhang L. Research on the mechanism of coordinate polishing crankshaft crankpin with abrasive belt[J]. Key Engineering Materials. 2011, 487：456-471.

[112] 肖贵坚, 黄云, 黄智. 超声振动砂带研磨曲轴主轴颈实验研究[J]. 机械科学与技术, 2011, 30(1)：92-97.

[113] 肖贵坚, 黄云, 黄智. 砂带随动研磨曲轴连杆颈运动模型的理论研究[J]. 机械科学与技术, 2011, 30(3)：394-399.

[114] 吕惠泽. 自动砂带曲轴研磨机的特点及结构分析[J]. 设计与研究：机床, 1992, (12)：27-29.

[115] 王亚杰. 基于接触理论的精准砂带磨削基础研究[D]. 重庆：重庆大学, 2015：8-11.

[116] Axinte D A, Kritmanorot M, Axinte M, et al. Investigations on belt polishing of heat-resistant titanium alloys[J]. Journal of Materials Processing Technology, 2005, 166：398-404.

[117] 刘瑞杰, 黄云, 黄智, 肖贵坚. 基于钛合金砂带磨削的磨削率、表面质量及砂带寿命性能试验研究[J]. 组合机床与自动化加工技术, 2010, (1)：18-21

[118] Xiao G J, Huang Y, Chen G L, et al. Investigations on belt grinding of GH4169 nickl-based superalloy[J]. Advanced Materials Research, 2014, 1017：15-20.

[119] Wang Y J, Huang Y, Chen Y X, et al. Model of an abrasive belt grinding surface removal contour and its application[J]. The International Journal of Advanced Manufacturing Technology, 2016, 82：2113-2122.

[120] Zhu D H, Luo S Y, Yang L, et al. On energetic assessment of cutting mechanisms in robot-assisted belt grinding of titanium alloys[J]. Tribology International, 2015, 90：55-59.

[121] Unyanin A N, Gusev S N. Optimization of the Force Pressing the Abrasive Belt to the Grinding Wheel in Cleaning[J]. Russian Engineering Research, 2015, 35(8)：619-622.

[122] Mezlini S, Kapsa P, Henon C, et al. Abrasion of aluminium alloy：effect of subsurface hardness and scratch interaction simulation[J]. Wear, 2004, 257：892-900.

[123] Jiang J, Sheng F, Ren F. Modelling of two-body abrasive wear under multiple contact conditions[J]. Wear, 1998, 217：35-45.

[124] Sin H, Saka N, Suh N P. Abrasive wear mechanisms and the grit size effect[J]. Wear 1979, 55：163-90.

[125] Pellegrin D V, Stachowiak G W. Evaluating the role of particle distribution and shape in two-body abrasion by

statistical simulation[J]. Tribology International, 2004, 37：255-270.

[126] Preston F W. Glass technology[J]. Journal of the Society of Glass Technology, 1927(11)：277-281.

[127] 计时鸣, 李琛, 谭大鹏, 等. 基于 Preston 方程的软性磨粒流加工特性[J]. 机械工程学报，2011，47(17)：156-163.

[128] 张雷, 袁楚明, 陈幼平, 等. 模具曲面抛光时表面去除的建模与试验研究[J]. 机械工程学报, 2002, 38(12)：98-102.

[129] Hamann G. Modellierung des abtragsverhaltens elastischer robot ergefuehrter schleifw erkzeuge [D]. Stuttgart: University of Stuttgart, 1998.

[130] Cabaravdic B K. Bandschleifprozesse optimieren[J]. MO Metalloberfläche, 2005, (4)：44-47.

[131] 张明德, 张卫青, 郭晓东, 等. 六轴联动叶片型面砂带磨削方法及加工仿真研究[J]. 机械设计与制造, 2009,(5)：151-153.

[132] 石璟, 张秋菊. 六轴联动叶片砂带抛磨中接触轮姿态的确定[J]. 机械科学与技术, 2010, 29(2)：196-200.

[133] 吴广领, 张秋菊.六轴联动数控砂带磨削的刀位点计算与规划[J]. 机械科学与技术, 2011, 30(6)：973-977.

[134] 陈兴武, 蒋新华. 空间曲线的六轴联动控制算法研究与测试[J]. 信息与控制, 2010, 39(5)：519-525.

[135] 张岳. 航发叶片七轴联动数控砂带磨削加工方法及自动编程关键技术研究[D]. 重庆: 重庆大学, 2012: 14-15

[136] 李贤义. 叶轮五轴加工无干涉刀具路径规划及实现技术研究[J]. 杭州：浙江大学, 2012：8-11.

[137] 陈汉军, 廖文河, 周儒荣. 一种新的五轴加工干涉处理算法[J]. 航空学报, 1996, 17(7)：416-420.

[138] Elber G, Cohen E. A unifred approach to verification in 5-axis freeform milling environments[J]. Computer-Aided Design, l999, 31(13)：795-804.

[139] Ho S, Sarma S, Adachi Y. Real-time interference analysis between a tool and an environement[J]. Computer-Aided Design, 2001, 33(13)：935-947.

[140] 陈文亮, 曾建江, 李卫国, 等. 复杂曲面刀具轨迹干涉的消除算法[J]. 东南大学学报(自然科学版), 2000, 30(6)：44-46.

[141] Wang X C, Yu Y. An approach to interference-free cutter position for five-axis free-form surface side finishing milling[J]. Journal of Materials Processing Technology, 2002, 123 (2)：191-196.

[142] Yoon J H, Pottmann H, Lee Y S. Locally optimal cutting positions for 5-axis sculptured surface machining[J]. Computer-Aided Design, 2003, 35(1)：69-81.

[143] 蔡永林, 孙卫青, 姜虹. 叶轮数控加工中的干涉检查[J].中国机械工程, 2007, 18(19)：2287-2290.

[144] 黄云, 赵浩岑, 杨俊峰, 等. 基于阿基米德螺旋线的砂带研磨控制系统和方法：中国, ZL201510221386.3[P]. 2015-09-09.

[145] 黄云, 肖贵坚, 潘复生, 等. 一种砂带研磨抛光装置：中国, ZL201410334811.5[P]. 2014-7-15.

[146] 黄云, 肖贵坚, 潘复生, 等. 一种砂带研磨抛光装置：中国, ZL201420389144.6[P]. 2015-01-07.

[147] 王先奎, 邹保昌. 超声砂带研磨的实验研究[J]. 光学精密工程, 1993, 1(1)：72-81.

[148] 冯之敬, 潘尚峰, 成晔, 等. 砂带超精密研磨[J]. 仪器仪表学报, 1996, 17(1)：438-440.

[149] 龙威.平面空气静压轴承承载特性研究[D]. 哈尔滨：哈尔滨工业大学,2010：12-21

[150] 刘墩,刘育华等.静压气体润滑[D].哈尔滨：哈尔滨工业大学出版社,1990：4.

[151] 张君安.高刚度空气静压轴承研究[D].西安：西北工业大学，2006：22-25.

[152] Hou Z C, Lao Y X, Lu Q H. Sensitivity analysis and parameter optimization for vibration reduction of undamped multi-ribbed belt drive systems[J]. Journal of Sound and Vibration, 2008, 317：591-607.

[153] Sack R A. Transverse oscillations in traveling strings[J]. British Journal of Applied Physics, 1954, 5 (6)：224-226.

[154] Wickert J A, Mote C D. Classical vibration analysis of axially moving continual[J]. Journal of Applied Mechanics：Transactions of the ASME, 1990, 57 (3)：738-744.

[155] Axinte D A, Kwong J, Kong M C. Workpiece surface integrity of Ti-6-4 heat-resistant alloy when employing different polishing methods[J]. Journal of Materials Processing Technology, 2009, 209：1843-1852.

[156] Chai H, Huang Y, Zhao Y, et al. Experimental research on the abrasive belt grinding titanium alloy blade of aviation engine[J]. Advanced Materials Research, 2012, 565：64-69.

[157] Wei H P, Huang Y, Liu Z Y. Experimental investigation on the surface integrity of titanium alloy TC4 in abrasive belt grinding[J]. Advanced Materials Research, 2013, 47：185-190.

[158] Cheng R K, Huang Y, Huang Y. Experimental research on the predictive model for surface roughness of titanium alloy in abrasive belt grinding[J]. Advanced Materials Research, 2013, 716：443-448.

[159] Xiao G J, Huang Y, Chen G L, et al. Investigations on belt grinding of GH4169 nickl-based superalloy[J]. Advanced Materials Research, 2014, 1017：15-20.

[160] Chen Y X, Huang Y, Xiao G J, et al. Experiment and surface roughness prediction model for Ti-6Al-4V in abrasive belt grinding[J]. Applied Mechanics and Materials, 2015, 806：42-47.

[161] 吴海龙. 航空发动机精锻叶片数控砂带磨削工艺基础研究[J].重庆：重庆大学, 2012：18-19

[162] 黄云，杨俊峰，陈贵林，等. 一种适用于整体叶盘叶片的砂带磨削中心：中国，ZL201420132362.1[P]. 2014-07-30.

[163] Webster G A, Ezeilo A N. Residual stress distributions and their influence on fatigue life times[J]. International Journal of Fatigue, 2001, 23(1)：375-383.

[164] 薛超. 叶片曲面造型与多坐标数控加工技术研究[D]. 北京：北京交通大学, 2007：1-3.

[165] 覃永安. 三维空间形式中紧致常平均曲率曲面拓扑型的曲率特征[J]. 数学年刊：A 辑, 2001, 22(3)：355-358.

[166] 张森棠, 李冬梅, 赵恒, 等. 一种整体叶盘流道复合加工的方法：中国, ZL201010252587.7[P]. 2010-08-13.

[167] 黄云, 杨俊峰, 陈贵林, 等. 适用于整体叶盘叶片的砂带磨削中心：中国, ZL201520481124.6[P]. 2014-07-07.

[168] 杨勇生. 数控加工编程中刀具干涉的研究现状及存在问题[J]. 计算机辅助工程, 1999, (4)：41-47.

[169] 孙越. 叶片类扭曲曲面薄壁件铣削加工变形仿真与实验研究[D]. 沈阳：沈阳航空航天大学,2013：2-5.

[170] 陈雷, 吕泉, 马艳玲, 等. 表面完整性对航空发动机零件疲劳寿命的影响分析[J]. 航空精密制造技术, 2012, 48(5)：47-50.

[171] 叶潇潇. 航发钛合金叶片数控砂带磨削表面完整性研究[D]. 重庆：重庆大学, 2013：49-51.

[172] 马昌训, 吴运新, 郭俊康. X 射线衍射法测量铝合金残余应力及误差分析[J]. 热加工工艺, 2010, 39(24)：5-8.

[173] 杨春强, 黄云, 吴建强. 船用螺旋桨砂带磨削表面质量的试验研究[J]. 中国机械工程, 2011, 22(14)：1659-1663.

[174] List M G. Quarter annulus simulations of blade row interaction at several gaps and discussion of flow physics[D].

United States：University of Cincinnati, 2007：43-51.

[175] Salontay J R. A Computational investigation of vane clocking effects on compressor forced response and performance[D]. Indiana：Purdue University, 2010：20-24.

[176] Song B. Experimental and numerical investigations of optimized high-turning supercritical compressor blades[D]. Virginia：Virginia Polytechnic Institute and State University, 2003：44-69.

[177] Zaki M A. Physics based modeling of axial compressor stall[D]. United States ：School of Aerospace Engineering, 2009：56-73.

[178] 覃菊莹，吕跃进. 灰色判断矩阵的弱一致性、一致性定义及其性质[J]. 系统工程理论与实践，2008(3)：159-165.

[179] 冯向前，魏翠萍，胡钢，等. 区间数判断矩阵的一致性研究[J]. 控制与决策, 2008, 23(2)：182-186.

[180] 萨建，刘桂芬. 定量测量结果的一致性评价及 Bland-Altman 法的应用[J]. 中国卫生统计，2011，28(4)：409-411, 413.

[181] 黄茜，梁酩珩，覃海燕. 基于 Bland-Altman 差异分析图法系统误差的检出[J]. 医学检验，2013，20(4)：110-111.

[182] Altman D G, Bland J M. Measurement in medicine：the analysis of method comparison studies. The Statistician, 1983, 32：307-317.

附　　图

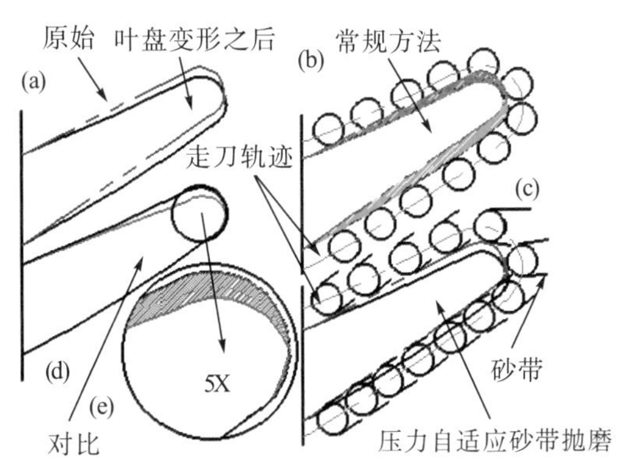

图 4.5　整体叶盘边缘误差形成分析

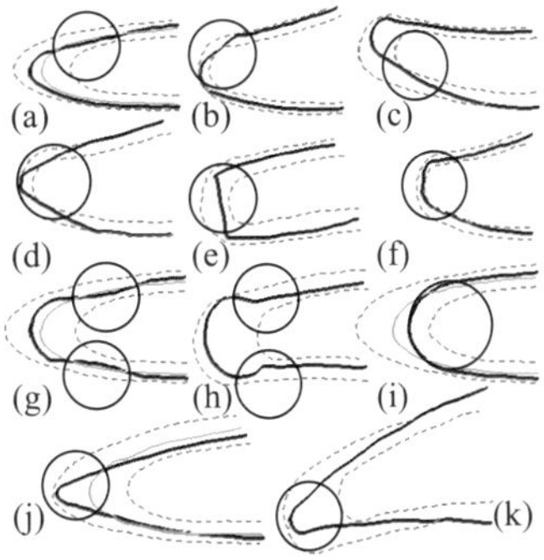

图 4.6　整体叶盘边缘典型型面误差

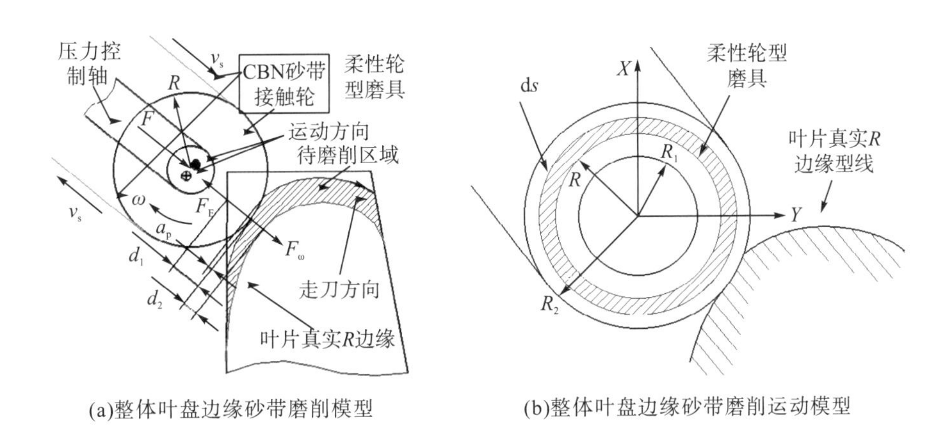

(a)整体叶盘边缘砂带磨削模型

(b)整体叶盘边缘砂带磨削运动模型

图 4.7　整体叶盘边缘砂带磨削工艺分析

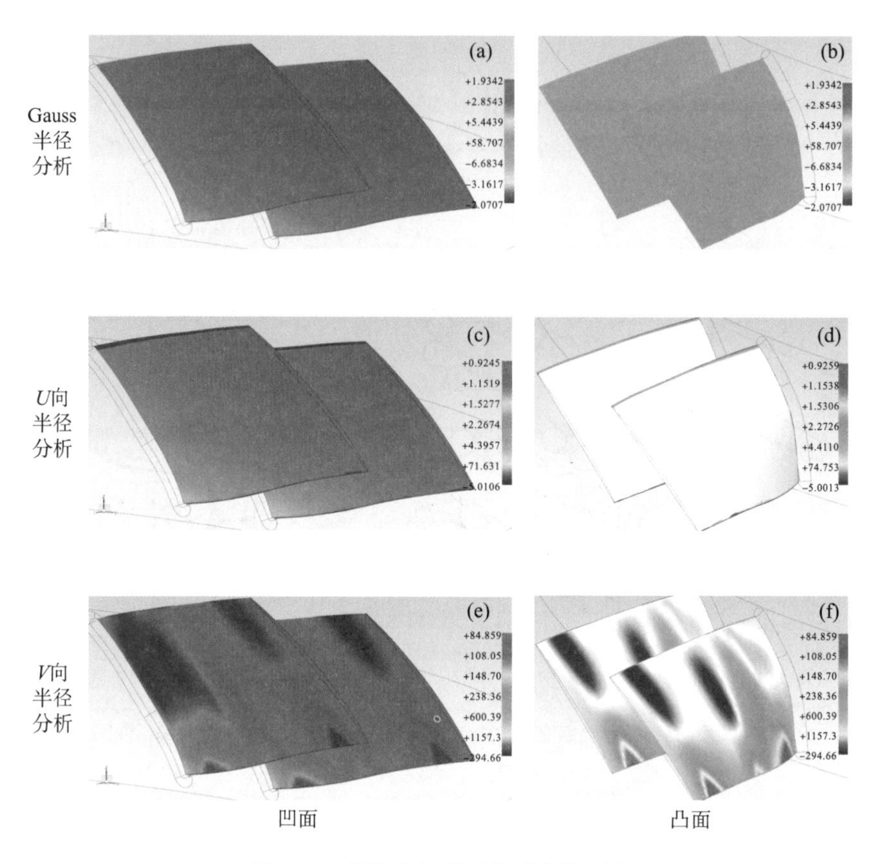

图 4.21 整体叶盘型面曲面特性分析

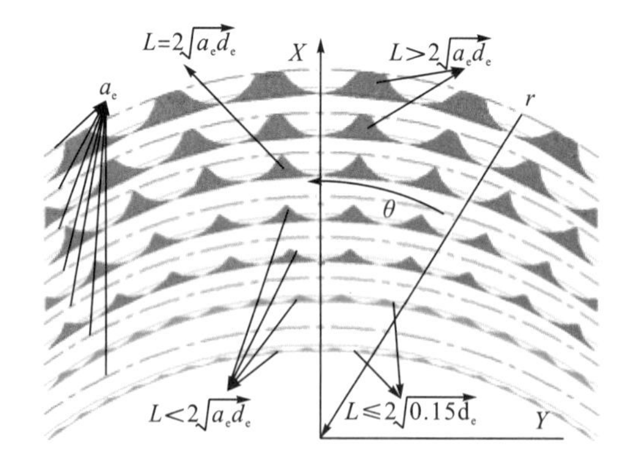

图 4.28 不同步距对整体叶盘边缘精度的影响分析

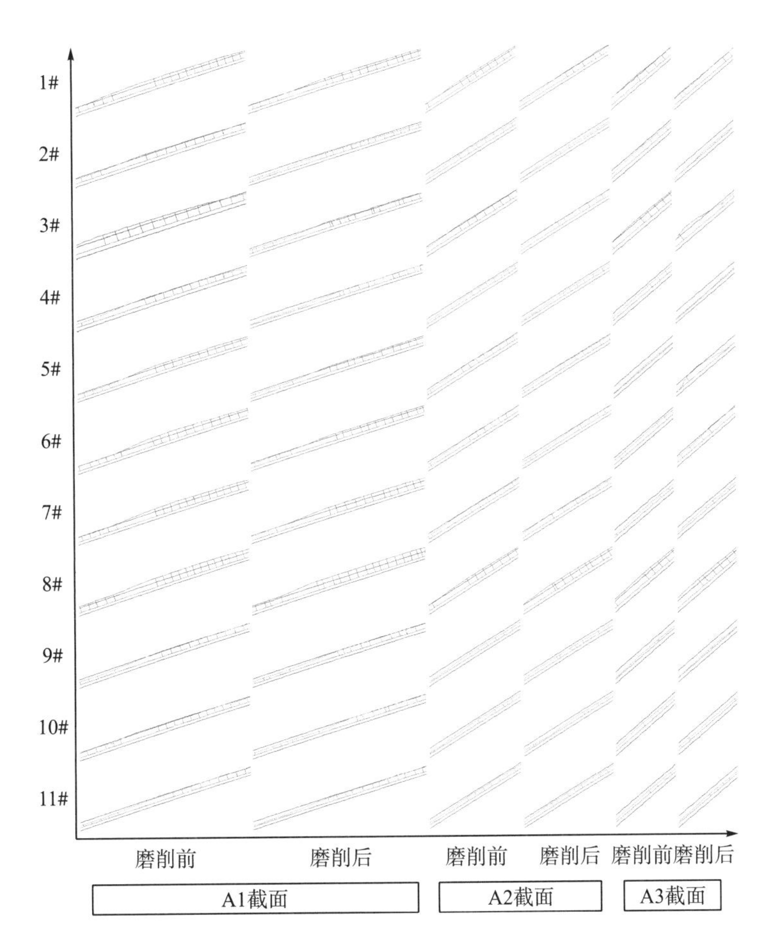

图 5.10 整体叶盘叶片型线轮廓